高等职业教育新形态一体化系列教材
广州铁路职业技术学院“双高计划”项目成果

电工仪表实训

陈映芳◎主　编
钟　波　张仁朝　农科科◎副主编
陈海军◎主　审

中国铁道出版社有限公司
2025年·北　京

内 容 简 介

本书采用活页式、模块化形式，以简单、实用、好用为原则。全书分为六个项目。项目一为万用表的使用；项目二为常用元件的识别与检测；项目三为测量电阻专用仪表的使用；项目四为交流电流、电能的测量；项目五为低频小信号电路的测量；项目六为电子产品的焊接与制作。

本书适合作为高职高专电气自动化技术及相关专业的电工实训教材，还可作为维修电工中、高级考证和维修电工上岗证的培训教材。

图书在版编目(CIP)数据

电工仪表实训/陈映芳主编．—北京：中国铁道出版社有限公司，2023.2(2025.3 重印)
高等职业教育新形态一体化系列教材
ISBN 978-7-113-29100-6

Ⅰ.①电… Ⅱ.①陈… Ⅲ.①电工仪表-高等职业教育-教学参考资料 Ⅳ.①TM93

中国版本图书馆 CIP 数据核字(2022)第 074057 号

书　　名：**电工仪表实训**
作　　者：陈映芳

责任编辑：尹　娜　　**电话**：(010)51873206　　**电子邮箱**：624154369@qq.com
封面设计：曾　程　高博越
责任校对：安海燕
责任印制：高春晓

出版发行：中国铁道出版社有限公司(100054，北京市西城区右安门西街 8 号)
网　　址：https://www.tdpress.com
印　　刷：北京联兴盛业印刷股份有限公司
版　　次：2023 年 2 月第 1 版　2025 年 3 月第 2 次印刷
开　　本：787 mm×1 092 mm 1/16　**印张**：7　**字数**：171 千
书　　号：ISBN 978-7-113-29100-6
定　　价：28.00 元

前言

本书是高职高专电气自动化技术及相关专业的电工仪表实训教材，由一批长期从事电气自动化技术专业课程教学和技能实训指导的经验丰富的一线教师及企业技术人员共同编写而成，是校企合作教材。

全书分为六个项目，项目一为万用表的使用；项目二为常用元件的识别与检测；项目三为测量电阻专用仪表的使用；项目四为交流电流、电能的测量；项目五为低频小信号电路的测量；项目六为电子产品的焊接与制作。

本书在内容的组织与安排上有以下特点：

1. 基于项目式教学的思路编排实训内容，强调实践性。

每个项目中包含若干个实训任务，以实训内容为中心，按实训目标、实训内容、实训工具、仪表和仪器、相关知识到实训实施及实训成绩评定等环节展开，在完成实训的过程中学习专业技能。实训任务结束后还安排了一些思考题，便于学生理论联系实际，更好地掌握电工专业知识。

2. 结合“双证制”“1 + X”证书制，融入实训成绩评价体系。

本书中的每个实训任务都有相应的考核要求和评分标准，并将实训效果进行量化——在考核评分标准中对训练过程进行记录，给出了可操作的量化考核标准。书中的实训内容和考核标准与《维修电工上岗证》《中级电工证》《高级电工证》内容全面接轨，构建职业资格证书“直通车”，实现高职高专技能型人才的培养目标。

3. 为了方便教学，本实训教材附有视频教学资源，实现纸质教材 + 数字资源的完美结合，体现“互联网 +”新型活页式教材的特色。学生通过扫描书中二维码可观看相应资源，激发学生自主学习，实现“线上线下结合”的高效课堂。

本书由广州铁路职业技术学院陈映芳任主编，广州铁路职业技术学院钟波、张仁朝，以及企业专家农科科高工任副主编。广州铁路职业技术学院陈海军教授任主审。本书具体编写分工如下：陈映芳编写项目一、项目二和项目五，以及负责全书的校对和统稿；钟波编写项目三；农科科编写项目四，张仁朝编写项目六。本书视频资源讲解人为杨柳高工。

编写本书时，编者查阅和参考了众多文献资料，从中得到了许多教益和启发，在此向参考文献的作者们致以诚挚的谢意。统稿过程中，钟波绘制了全书的电路图，编者所在单位有关领导和同事也给予了很多支持和帮助，在此一并表示衷心的感谢。

限于编者水平，书中难免存在不妥之处，恳请读者提出宝贵意见，以便今后修订和完善。

编　者

2022 年 10 月

目录

实 训 守 则

1. 遵守“学生实验守则”的一切规定。

2. 学生进入实训室必须按规定位置入座。实训前听从指导教师介绍实验概况及要注意的问题，对性能不明、与本次实训无关的仪器、设备不盲目动用。

3. 在实训室要保持安静及卫生整洁。不得吵闹喧哗，随地吐痰、乱丢杂物及吃东西，与实训无关的物品不要带入实训室。

4. 实训前，留意台面仪器、设备的摆放位置，查核本次实训所须动用的设备是否完好，然后按要求进行实训。

5. 在预习教材的基础上，按规定程序认真操作。正确测量和记录各种实验数据。认真观察各种现象，进行分析计算，课后及时交出实训报告。

6. 实训过程中要始终注意设备及人身安全。实训时，应先断电源后连线，电路连好后，要自查、互查，确认无误并报告指导教师，方可接通电源，要特别注意不要因连线错误或电路不慎互碰造成短路。发现有异常情况时，不要惊慌失措，而应首先切断电源，报告指导教师，清查故障后再继续实训。

7. 实训完毕，将物品按原样放好，分类扎好不同颜色的连接线，以备下次用。离开实训室时，摆好椅子，关上附近的窗户拉上窗帘，经指导老师同意后方可离开。

8. 实训室中的一切物品，未经指导老师同意，严禁外拿。凡损坏仪器设备，一律按规定赔偿。情节严重者除赔偿外还须上报给予处分。

项目一　万用表的使用

项目描述

在电工及电子电路中，需要对电路中的电阻、交流电压、直流电压、直流电流等电路参数进行测量。本项目主要是训练使用指针式万用表及数字式万用表进行各个参数测量。

项目目标

1. 熟练掌握使用万用表电压挡与电流挡测量电压及电流。
2. 掌握使用万用表电阻挡测量中值电阻。
3. 掌握指针式万用表直流电压、直流电流及电阻挡的设计。

实训一　指针式万用表及数字式万用表的使用

实训目标

1. 熟悉常用 MF47 型指针式万用表的外形及掌握其基本测量功能。
2. 熟悉常用 UT58A 型数字式万用表的外形及掌握其基本测量功能。
3. 学会使用两种型号万用表测量电路相关参数。

实训内容

学习使用两种型号的万用表进行电路参数的测量。

实训工具、仪表和仪器

1. 仪表：MF47 型指针式万用表、UT58A 型数字式万用表
2. 仪器：电路分析实验箱
3. 连接导线若干(根据实际情况准备)

相关知识

万用表是电工测量中最常用的一种多功能仪表，主要用于测量电阻、电流和电压。有些万用表还能测量电感、电容、晶体管参数等。万用表携带方便，价格便宜，在对测量精确度要求不高的场合得到了广泛的应用。

常用万用表分指针式和数字式两大类。

一、指针式万用表

MF47 型指针式万用表的面板结构如下。

从图 1-1-1 所示的 MF47 指针式万用表的面板结构可以看出，指针式万用表面板主要由刻度盘、

机械调零旋钮、三极管插孔(也称 h_{FE} 插孔)、红表笔插孔、黑表笔插孔、欧姆调零旋钮、挡位转换开关、2 500 V 交直流电压扩大插孔、10 A 直流电流扩大插孔等组成。

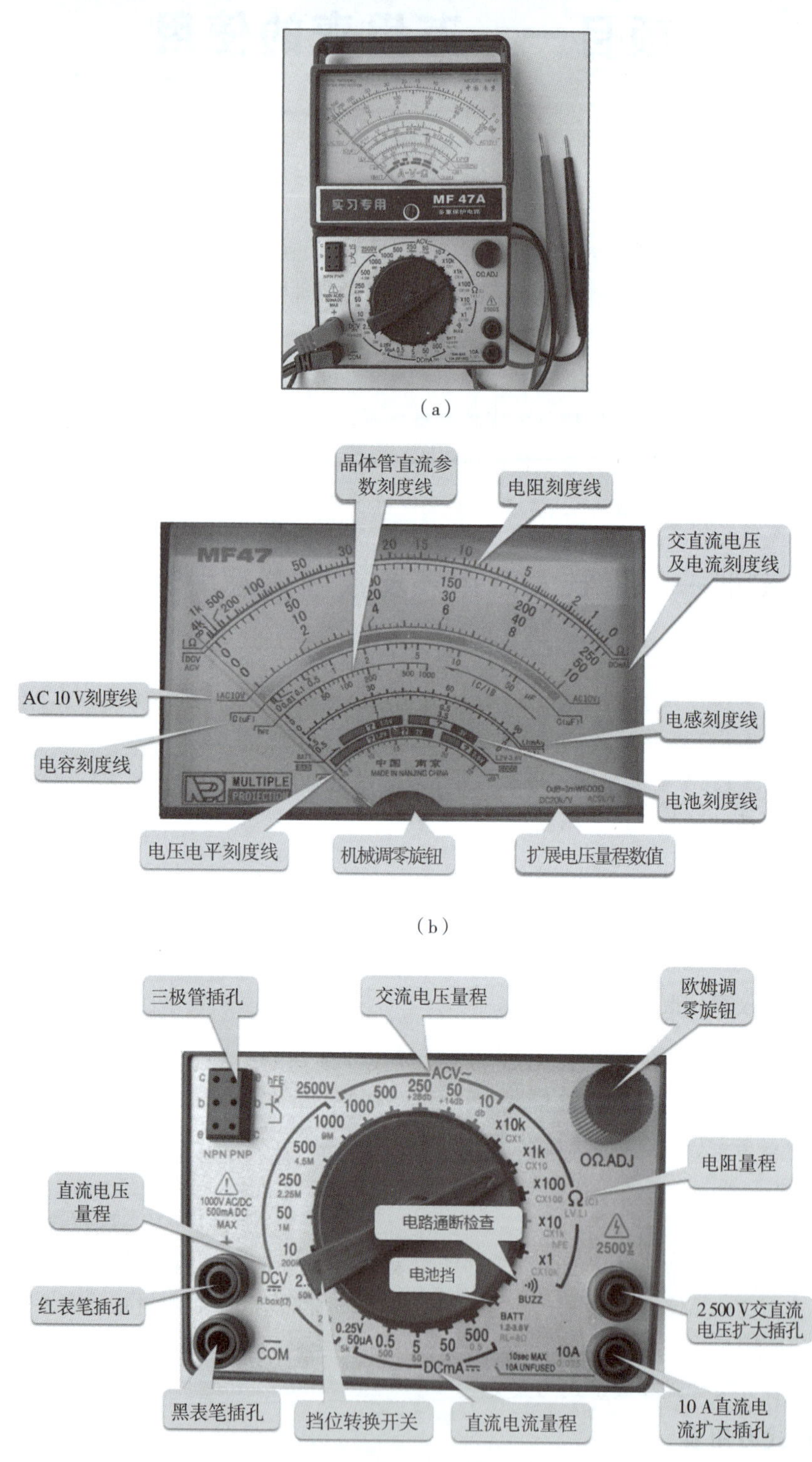

图 1-1-1　MF47 型指针式万用表的面板结构

指针式万用表主要由磁电系表头、挡位转换开关和测量线路组成。其中磁电系表头通过和环形分流器电路相配合，可以制成多量限直流电流表；磁电系表头和不同的分压电阻配合，又能制成多量限的直流电压表；磁电系表头和整流电路相配合，可以用来测量正弦交流电流和电压；磁电系表头和由电池、电阻构成一定形式的测量线路相配合，可以组成能测量电阻阻值的欧姆表。因此，万用表正是利用一只磁电系表头，通过挡位转换开关变换不同的测量线路而制成可测量直流电流、直流电压、交流电压、电阻等多种物理量，并具有多种量限的常用电工仪表。

二、数字式万用表

数字式万用表具有测量精度高、显示直观、功能全、可靠性好、小巧轻便，以及便于操作等优点。

UT58A 数字式万用表的面板结构如下。

图 1-1-2 为 UT58A 型数字式万用表面板图，主要包括 LCD 液晶显示屏、电源开关、挡位转换开关、(红、黑)表笔插孔，并配有红、黑表笔一对和一个转接插座。

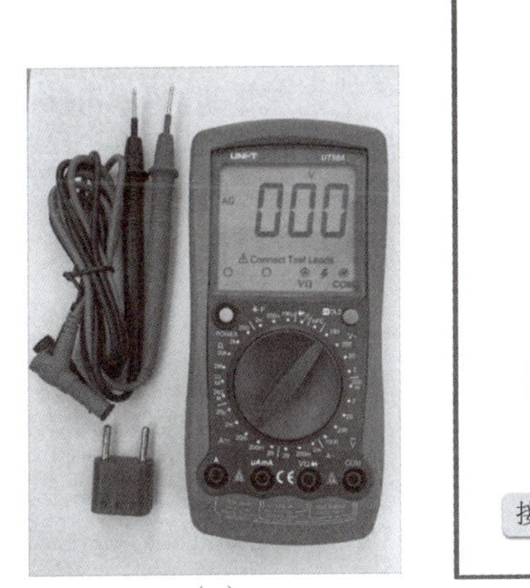

(a)

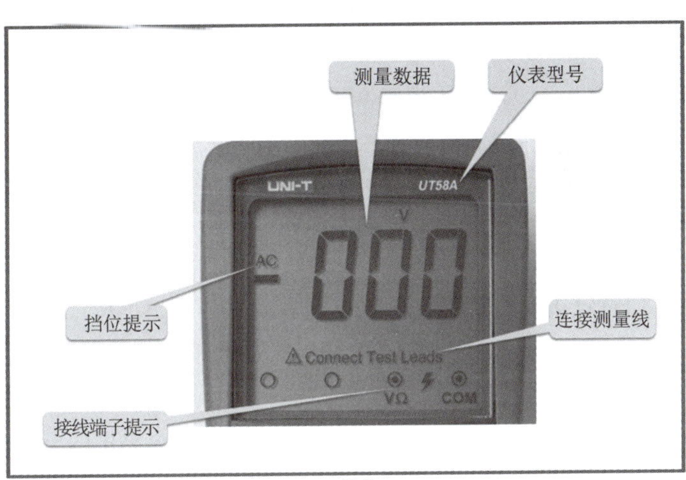

(b)

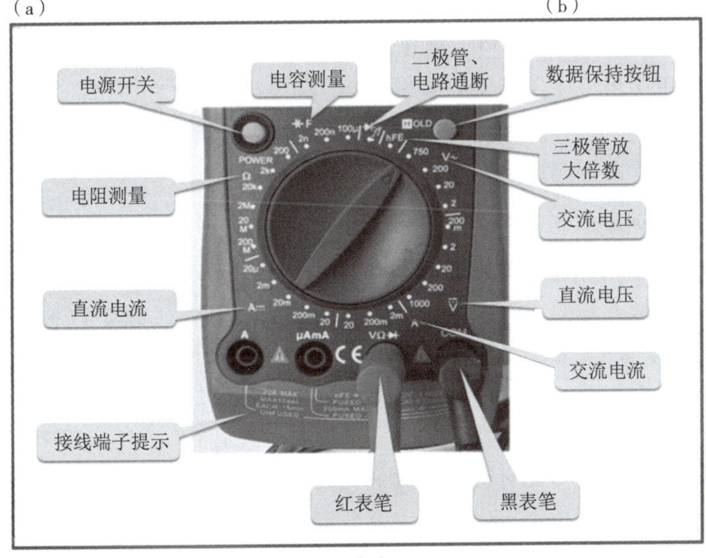

(c)

图 1-1-2　UT58A 型数字式万用表

液晶显示屏最大显示值为1 999，且具有自动显示极性功能。若被测电压或电流的极性为负，则显示值前将带“－”号。若输入超量程时，显示屏左端出现“1”或“－1”的提示字样。

电源开关（POWER）可根据需要，分别置于“ON”（开）或“OFF”（关）状态。测量完毕，应将其置于“OFF”位置，以免空耗电池。数字式万用表的电池盒位于后盖的下方，采用一个9 V叠层电池。电池盒内还装有熔丝管，以起过载保护作用。

h_{FE}插孔用以测量三极管的放大倍数β值时，将其B、C、E极对应插入专用转接插座。

（红、黑）表笔插孔是数字式万用表通过表笔与被测量连接的部位，设有“COM”“V·Ω”“mA”“10A”四个插孔。使用时，黑表笔插头应插于“COM”插孔，红表笔插头根据被测种类和大小置于“V·Ω”“mA”或“10A”插孔。在“COM”插孔与其他三个插孔之间分别标有最大（MAX）测量值，如10 A、200 mA、交流750 V、直流1 000 V。

实训实施

一、MF47型指针式万用表测量操作步骤

在使用前应检查指针是否指示在机械零位。若不指在零位上，可旋转表盖上的机械调零旋钮，使指针指示在零位上。将红、黑表笔插头分别插入“＋”（红表笔插孔）、“－”（黑表笔插孔）插孔中，如测量交直流2 500 V或直流10 A时，红表笔插头则应分别插到标有“2 500V≃”或“10 A”的插孔中，黑表笔插孔位置不变。

万用表的简单使用

1. 电阻的测量

（1）估计被测电阻的阻值大小，选择合适的欧姆挡位。

（2）装上电池（1.5 V、9 V各一个），转动开关至所需测量的电阻挡位，将红、黑表笔两端短接，调整欧姆调零旋钮，使指针对准于欧姆“0”位上。

（3）将红、黑表笔并接在被测电阻两端。测量电路中的电阻时，应先切断电路电源；若电路有电容则应对其先行放电。

（4）读数时看欧姆刻度线（刻度盘第一条刻度线），指针所指刻度数乘以欧姆挡位倍数即为所测电阻值（被测电阻的电阻值＝表头的读数×倍率）。

小提示

①当$R\times1$挡欧姆调零不能调至零位时，说明仪表内（1.5 V）电池电力不足需要更换。当$R\times10$ k挡欧姆调零不能调至零位时，说明仪表内（9 V）电池电力不足同样需要更换（电池电力不足时，测量误差将增大）。

②每更换一次测量倍率，都应先重新欧姆调零，才能进行测量。

2. 直流电流的测量

（1）估计被测电路直流电流可能有的最大值，挡位转换开关调至所需直流电流挡。

（2）在被测电路中形成断开位置，将红、黑表笔分别串接于被测电路中，红表笔接高电位处，黑表笔接低电位处。测直流电流时应注意极性，指针式万用表应先用试触法确定指针偏转方向后才正式测量。

（3）读数时看刻度盘第二条（电流）刻度线。测量直流电流时应使指针的偏转在量程的一半或

三分之二以上，读数较为准确。

小提示

(1)测量直流0.05 mA～500 mA电流时，红表笔插“+”(红表笔插孔)，若测量直流500 mA～10 A大电流时，红表笔插“10 A”插孔(大电流测量插孔)。注意本表不能用来测量交流电流参数。

(2)测量时，禁止将电流挡当成电压挡并接在电路两端，以免造成电路短路和损坏仪表。测量时一般用手握表笔进行，因此要注意手不要接触表笔金属部分。

3. 直流电压的测量

(1)估计被测电路直流电压可能有的最大值，挡位转换开关调至所需直流电压挡。

(2)将红、黑表笔分别并接于被测电路中，红表笔接高电位处，黑表笔接低电位处。测直流电压时应注意极性，指针式万用表应先用试触法确定指针偏转方向后才正式测量。

(3)读数时看刻度盘第二条(电压)刻度线。测量直流电压时应使指针的偏转在量程的一半或三分之二以上，读数较为准确。

小提示

读数时，刻度线上的3组读数的选取应由所选择的电压挡位来确定。严禁挡位转换开关置于电流挡或电阻挡位去测量电压，否则将损坏万用表。测量时一般用手握表笔进行，因此要注意手不要接触表笔金属部分。

4. 交流电压的测量

(1)估计被测电路交流电压可能有的最大值，挡位转换开关调至所需交流电压挡。

(2)将红、黑表笔分别并接于被测电路中(交流电路无正负之分)。

(3)读数时(除10 V挡)看刻度盘第二条(电压)刻度线，10 V挡看刻度盘第三条(电压)刻度线(方法与直流电压的测量读数相同)。测量交流电压时应使指针的偏转在量程的一半或三分之二以上，读数较为准确。

小提示

测量交流10～1 000 V或直流0.25～1 000 V时，红表笔插在红表笔插孔。如测量交直流2 500 V电压时，红表笔应插于“2 500 V≃”插孔(高电压测量插孔)，黑表笔位置不变。测量时一般用手握表笔进行，因此要注意手不要接触表笔金属部分。

5. 检查电路通断蜂鸣

使用方法同欧姆挡一样，将指针式万用表红、黑两表笔试短接，此时蜂鸣器工作发出约2 kHz长鸣声，表示此挡位正常可用于电路通断测量。

6. 整理归位

每次使用完指针式万用表后要将挡位转换开关置于交流电压最高挡的位置，收拾实训器材、仪表归位。

小提示

(1)以上所有操作步骤,都要注意用电安全。

(2)在使用前要检查仪表和表笔,谨防任何损坏和不正常的现象,如表笔破损必须更换。指针式万用表不能在带电状态下转换测量挡位。

(3)若预先不知被测量值的大小范围,为避免量程选得过小而损坏仪表,应选择该种类最大量程进行预测,然后再选择合适的量程。

二、UT58A 型数字式万用表测量操作步骤

1. 交、直流电压的测量

(1)测量交、直流电压(ACV、DCV)时,红、黑表笔分别接“V·Ω”与“COM”插孔,旋转挡位转换开关至合适挡位(直流 200 mV、2 V、20 V、200 V、1 000 V 挡或交流 2 V、20 V、200 V、750 V 挡),红、黑表笔并接于被测电路(若是直流,注意红表笔接高电位端,否则显示屏左端将显示“-”)。

(2)显示屏显示出被测电压数值。若显示屏只显示最高位“1”,表示溢出,应将量程调高。

2. 交、直流电流的测量

(1)测量交、直流电流(ACA、DCA)时,红、黑表笔分别接“mA”(大于 200 mA 时应接“10 A”)与“COM”插孔,旋转挡位转换开关至合适挡位(交流 2 mA、200 mA、20 A 挡或直流 20 μA、2 mA、20 mA、200 mA、20 A 挡),将两表笔串接于被测电路(测直流时,注意极性)。

(2)显示屏所显示的数值即为被测电流的大小。

小提示

测量时不要把电流挡当成电压挡并接在电路两端,以免造成电路短路和损坏仪表。

3. 电阻的测量

(1)测量电阻时,无须调零。

(2)将红、黑表笔分别插入“V·Ω”与“COM”插孔,旋转挡位转换开关至合适挡位(200 Ω、2 kΩ、20 kΩ、2 MΩ、20 MΩ、200 MΩ),将两表笔并接在被测电阻两端(不得带电测量),显示屏所显示数值即为被测电阻的数值。

(3)当使用 200 MΩ 量程进行测量时,先将两表笔短路,若该数不为零,仍属正常。此读数是一个固定的偏移值,实际数值应为显示数值减去该偏移值。

4. 二极管和电路通断的测量

(1)测试二极管和电路通断时,红、黑表笔分别插入“V·Ω”与“COM”插孔,旋转挡位转换开关至二极管测量位置。

(2)正向情况下,显示屏即显示出二极管的正向导通电压,单位为 mV(锗管应在 200~300 mV 之间,硅管应在 500~800 mV 之间);反向情况下,显示屏应显示“1”,表明二极管不导通,否则,表明此二极管反向漏电流大。正向状态下,若显示“000”,则表明二极管短路,若显示“1”,则表明断路。

(3)在用来测量线路或器件的通断状态时,若检测的阻值小于 30 Ω,则表内发出蜂鸣声以表示线路或器件处于导通状态。

5. 晶体管的测量

测量晶体管时，旋转挡位转换开关至“h_{FE}”挡位，将被测三极管依NPN型或PNP型的B、C、E极插入转接插头相应的插孔中，显示屏所显示的数值即为被测三极管的“h_{FE}”参数。

6. 电容的测量

测量电容时，将被测电容插入电容插座，旋转挡位转换开关至“F”挡位，显示屏所示数值即为被测电容的电容量。

7. 整理归位

每次使用完数字式万用表后要将挡位转换开关置于交流电压最高挡的位置并且关闭仪表电源，收拾实训器材、仪表归位。

小提示

(1)以上所有操作步骤，都要注意用电安全。

(2)在使用前要检查仪表和表笔，谨防任何损坏和不正常的现象，如表笔破损必须更换。数字万用表不能在带电状态下转换测量挡位。

(3)若预先不知被测量值的大小范围，为避免量程选得过小而损坏仪表，应选择该种类最大量程进行预测，然后再选择合适的量程。

小提示

数字式万用表使用注意事项

(1)当显示屏出现“LOBAT”或“←”时，表明电池电量不足，应予更换。

(2)若测量电流时，没有读数，应检查熔丝是否熔断。

(3)测量完毕，应关上电源；若长期不用，应将电池取出。

(4)不宜在日光及高温、高湿环境下使用与存放(工作温度为0~40 ℃，湿度为80%以下)。

三、记录实训测量数据

熟悉两种万用表表盘上各符号的意义及各个旋钮和挡位转换开关的主要作用。学会用指针式万用表及数字式万用表测量直流电压、电流，交流电压及电阻的参数，填入表1-1-1中。

表1-1-1　万用表测量数据记录

测量直流电压	稳压电源输出(V)	1.5	9.0	30
	指针式万用表测量值			
	数字式万用表测量值			
测量直流电流	恒流源输出(mA)	0.35	3.5	35
	指针式万用表测量值			
	数字式万用表测量值			
测量交流电压	交流电压源输出(V)	互感器输入端总电压	单相电源相电压	两相电源线电压
	指针式万用表测量值			
	数字式万用表测量值			

测量电阻	电阻标称值(Ω)	30	510	100k
	指针式万用表测量值			
	数字式万用表测量值			

说明:如果没有可调恒流源,测电流时可采用图1-1-3串联分压限流方法来实现。其中 R_1 = 10 Ω。

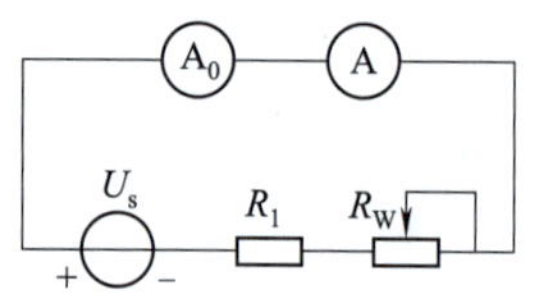

图1-1-3 可调电流连接

(1)输出小于0.5 mA的检测:U_S 先置于0 V,可变电阻器 R_W(10 kΩ电位器)置于10 kΩ,调节 U_S 使标准表的电流读数为0.35 mA,同时读取指针式万用表或数字式万用表的读数。

(2)输出1.0 mA~50 mA的检测:U_S 先置于15 V左右,可变电阻器 R_W(10 kΩ电位器)置于10 kΩ,调节 R_W,从标准表读取3.5 mA、35 mA的电流读数,同时读取指针式万用表或数字式万用表读数,记入表1-1-1中。

实训成绩评定(表1-1-2)

表1-1-2 万用表使用的成绩评定标准

考核要求	熟练掌握两种万用表各挡测量操作方法,并能独立完成参数测量	熟练掌握两种万用表各挡测量操作方法,并能完成参数测量	基本掌握两种万用表各挡测量操作方法,需要辅助完成参数测量	基本掌握两种万用表各挡测量操作方法,但无法进行参数测量	无法掌握本实训内容或误操作损坏实训设备
评分标准	A^+	A	B^+	B	C
实操得分					

实训报告

1. 简述指针式和数字式两种万用表的主要结构区别和各自的使用方法。
2. 总结电阻、直流电压、直流电流、交流电压的测量操作步骤及注意事项。
3. 记录实验数据。
4. 其他(包括实验的心得、体会等)。

实训二 指针式万用表的模拟设计与校验

实训目标

1. 掌握指针式万用表直流电压挡、交流电压挡、直流电流挡及电阻挡的设计原理。

2. 通过对电路的分析、设计，巩固掌握所涉及的电路分析理论知识。

实训内容

学习指针式万用表的各挡设计原理，并能用设计出的指针式万用表测量电路参数。

实训工具、仪表和仪器

1. 仪表：MF47 型指针式万用表、UT58A 型数字式万用表
2. 仪器：电路分析实验箱、电阻箱
3. 连接导线若干(根据实际情况准备)

相关知识

指针式万用表主要由磁电系表头、挡位转换开关和测量线路组成。

万用表表头是高灵敏度的磁电系测量机构，表头的满偏电流常为四十多微安，满偏电流越小，灵敏度越高，测量电压时仪表的内阻就越大。一般指针式万用表直流电压挡内阻(即指针式万用表测量每伏电压所具有的内阻)可达 20 kΩ/V～100 kΩ/V，交流电压挡内阻一般要低一些。

一、指针式万用表的工作原理

指针式万用表用一只磁电系表头就能测量多种物理量并具有多种量限，其关键在于通过挡位转换开关变换不同的测量线路，把被测量变换成磁电系表头所能测量的直流电流或单向脉动电流。

图 1-2-1 为指针式万用表的简单工作原理图，当挡位转换开关 S 置于“mA”挡位时，指针式万用表就成了直流毫安表。当挡位转换开关置于“$\underline{V}$”挡位时，指针式万用表就变成直流电压表。当挡位转换开关置于“$\underset{\sim}{V}$”挡位时，指针式万用表实际上是半波整流的磁电系仪表，可用来测量正弦电压。而挡位转换开关置于“Ω”挡位时，指针式万用表可用来测量电阻。量限的变换也是挡位转换开关变换不同测量线路的结果。

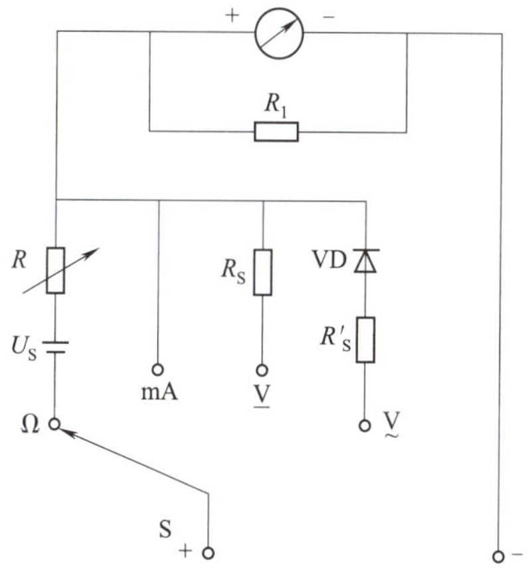

图 1-2-1　指针式万用表的工作原理

二、指针式万用表的表头及参数

指针式万用表的内部组成从原理上分为两部分：表头和测量电路。表头通常是一个直流微安

表,它的工作原理可归纳为:表头指针的偏转角与流过表头的电流成正比。在设计电路时,只考虑表头的"满偏电流 I_m(即表头的灵敏度)"和"表头内阻 r_0"值就够了。

满偏电流是指表针偏转满刻度时流过表头的电流值,内阻则是表头线圈的铜线电阻。表头与各种测量电路连接就可以进行多种电量的测量。通常借助于挡位转换开关可以将表头与这些测量电路分别连接起来,就可以组成一个指针式万用表。因此,在设计指针式万用表前先需要知道表头内阻和灵敏度(满偏电流)。

本实训设计所使用的等效表头如图 1-2-2 所示,计算时按等效表头支路总电阻 $r_0' = 2\ 250\ \Omega$ 来设计,其中 r' 是一个"补足"电阻,数值视 r_0 大小而定。

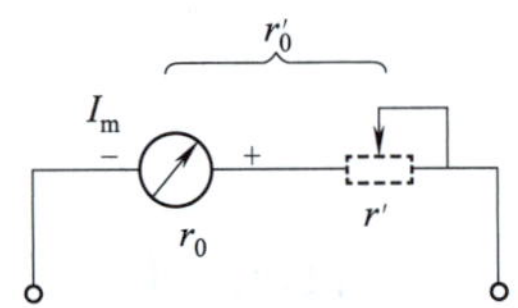

图 1-2-2　设计与测量所用的等效表头

三、指针式万用表测量线路的计算

(一)直流电流测量线路设计计算

指针式万用表表头可以直接测量直流电流,但由于测量机构中的游丝允许通过的电流较小,所以可测量的直流电流范围很小,在实际使用中,应采用在表头并联分流电阻的原理扩大量程。经挡位转换开关切换接入不同的分流电阻,以实现不同量程电流的测量。

图 1-2-3 为实训用万用表直流电流分流电阻的计算电路。给定表头参数:$I_m = 100\ \mu A$,$r_0' = 2\ 250\ \Omega$。由图 1-2-3可得

$$I_m r_0' = (I_1 - I_m)R_1$$

$$\Rightarrow I_m(r_0' + R_1) = I_1 R_1$$

$$\Rightarrow I_m = \frac{R_1}{r_0' + R_1} I_1 \tag{1-1}$$

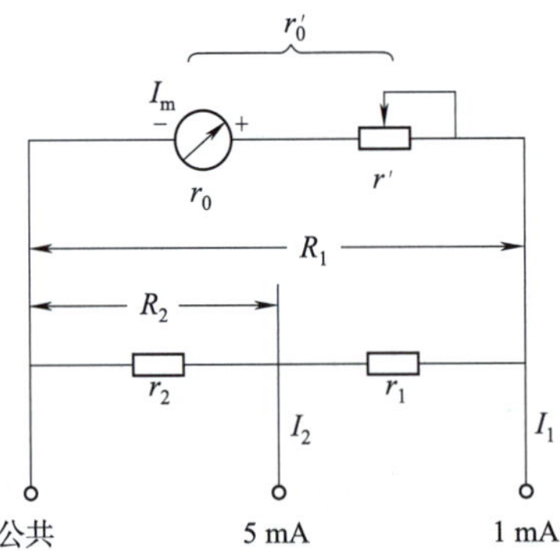

图 1-2-3　实训用万用表直流电流分流电阻的计算电路

同理可推得

$$\Rightarrow I_m = \frac{R_2}{r_0' + R_1} I_2 \tag{1-2}$$

合并式(1-1)和式(1-2)得

$$\frac{R_1}{r_0' + R_1} I_1 = \frac{R_2}{r_0' + R_1} I_2$$

将 $(r_0' + R_1)$ 消去有

$$R_1 I_1 = R_2 I_2 \tag{1-3}$$

现将已知数据代入式(1-1)计算可得

$$R_1 = \frac{I_m r_0'}{I_1 - I_m}$$

$$\Rightarrow R_1 = \frac{100 \times 10^{-6} \times 2\ 250}{10^{-3} - 10^{-4}}\ \Omega = \frac{2\ 250}{9}\ \Omega = 250\ \Omega$$

$$因为\ R_1 I_1 = R_2 I_2，所以\ R_2 = \frac{I_1}{I_2} R_1 = \frac{1\ \text{mA}}{5\ \text{mA}} \times 250\ \Omega$$

$$r_1 = 200\ \Omega，r_2 = R_2 = 50\ \Omega$$

(二)直流电压测量线路设计计算

1. 用串联电阻扩大电压量限的基本原理

一只电流表也是一只电压表,但其所能测量电压的范围很小,根据串联电阻分压的原理可以扩大电压表的量限。

2. 直流电压灵敏度

电压表测每伏直流电压所需要的阻值称为"直流电压灵敏度",它在数值上等于该表电流灵敏度的倒数,即直流电压灵敏度 $= 1/I_m$。

例如,电流表的灵敏度 I_m 为 100 μA,用它构成电压表,其直流电压灵敏度为

$$1/I_m = \frac{1}{100 \times 10^{-6}}\ \Omega/\text{V} = 10\ \text{k}\Omega/\text{V}$$

直流电压灵敏度越高,流经表头的电流越小,测量结果越准。表 1-2-1 是各种电流表的直流电压灵敏度。

表 1-2-1　各种电流表的直流电压灵敏度

直流电流灵敏度(μA)	直流电压灵敏度(kΩ/V)
10	100
20	50
25	40
50	20
100	10
200	5
250	4
500	2
1 000	1

3. 实训中直流电压测量线路设计计算原理

图 1-2-4 为实训用万用表直流电压挡线路。给定表头参数：$I_m=100\ \mu A$，$r_0'=2\ 250\ \Omega$。

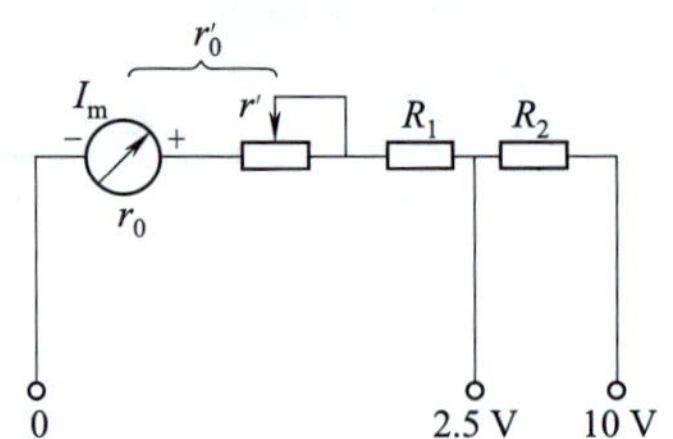

图 1-2-4　实训用万用表直流电压挡线路

（1）根据表头的满偏电流，计算出 Ω/V（每伏欧姆数），即

$$\Omega/V=\frac{1}{100\times10^{-6}}\ \Omega/V=10\ k\Omega/V$$

（2）计算 R_1 和 R_2

$$R_1=2.5\ V\times\frac{10\ k\Omega}{V}-r_0'=25\ k\Omega-2\ 250\ \Omega=22.75\ k\Omega$$

$$R_2=(10-2.5)\ V\times10\ k\Omega/V=75\ k\Omega$$

（三）交流电压测量线路的设计计算

1. 测量交流电压的原理

（1）磁电系仪表测量交流电压的原理

万用表的表头为磁电系测量机构，只有通过直流才能使线圈偏转，因此测量交流电压时，要经过整流电路把交流电压变换为直流电压后才能进行测量。

（2）整流电路

通常万用表采用两只二极管组成的半波整流电路，如图 1-2-5 所示。当被测电压为正半周时，A 端为正，B 端为负，则 VD_1 导通，VD_2 截止，表头通过电流；若被测电压为负半周时，VD_1 截止，VD_2 导通，表头不再通过反向电流，而 VD_2 的导通，可使 VD_1 两端的反向电压降低，防止被反向击穿。

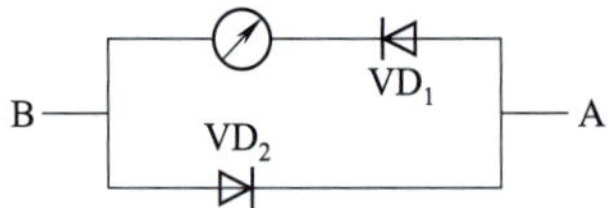

图 1-2-5　表头的半波整流电路

（3）$I_{平均}$ 和 $I_{有效}$ 之间的关系

$$I_{平均}=0.45I_{有效}\ (I_{有效}=2.22I_{平均})\qquad(1\text{-}4)$$

由于半波整流电路采用元件较少，在线路中转换比较方便，在万用表电路中应用较多。

2. 实训中交流电压测量线路的设计计算原理

图 1-2-6 是一种交流电压挡线路，并联在表头上的电阻 R_S 用来增大整流器的电流以减少整流元件的非线性影响，VD_2 用来减小在 VD_1 不导电的半个周期内加到 VD_1 上的反向电压，以防止被击穿。

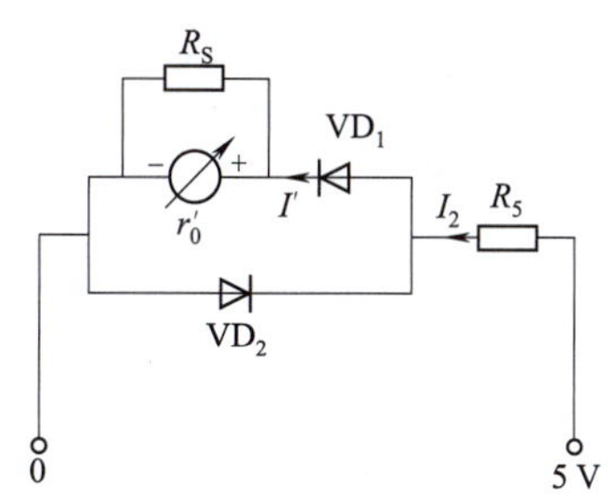

图 1-2-6　实训中使用的交流电压挡线路

(1) R_S 的计算

若并联电阻 R_S 后流过 VD_1 的电流为 200 μA，此时 R_S 为

$$R_S = \frac{I_m r_0'}{I' - I_m} = \frac{100 \times 2\,250}{200 - 100}\ \Omega = 2\,250\ \Omega$$

(2)交流电流有效值的计算

由于流经表头的电流为直流，因此要换算成交流有效值 I_2。原表头并上 R_S 以后可以整体看成一只 200 μA 的满偏表头，再加上整流电路为半波整流电路，此时电流有效值与电流平均值之比为 2.22。因此电流有效值

$$I_2 = \frac{200 \times 10^{-6}}{0.45}\ \text{A} = 444.4\ \mu\text{A}$$

(3)计算 R_5

$$R_5 = \frac{5}{444.4 \times 10^{-6}}\ \Omega - r_0 - R_{正}$$

式中，r_0 为 200 μA 表头的内阻，约 1 125 Ω；$R_{正}$为二极管 VD_1 的正向导通电阻，按 500 Ω 计算。则

$$R_5 = \frac{5}{444.4 \times 10^{-6}}\Omega - r_0 - R_{正} = 9\,626\ \Omega = 9.626\ \text{k}\Omega$$

(四)欧姆挡测量线路的设计计算

1. 欧姆表测量电阻的原理

(1)基本原理

在图 1-2-7 所示的闭合回路中，当电压 E 不变时，回路内其电阻也不变时，回路电流大小随着电阻 R_X 变化而变化，故由电流大小可测量 R_X。

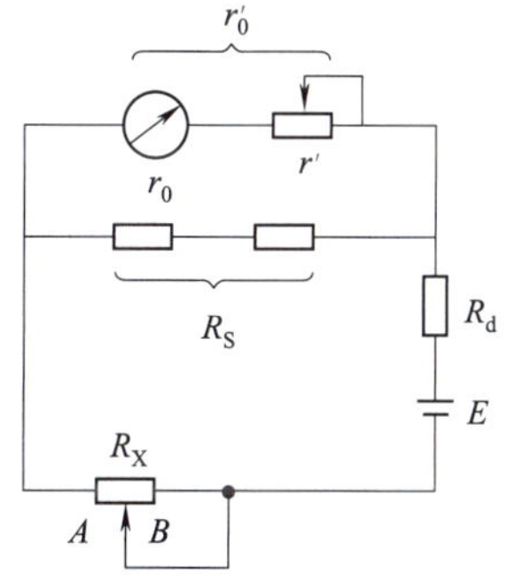

图 1-2-7　欧姆表的线路原理

(2)原理分析

欧姆表的综合内阻 R_Z

$$R_Z = R_d + (r_0' /\!/ R_S) + r \tag{1-5}$$

式中,r 为干电池内阻,取 0.6 Ω/节。

①满标电流 I:将"+/−"端表棒短接,令 $R_X = 0$,调节 R_d 使 I 达满标值。

$$I = \frac{E}{R_Z}, E = IR_Z \tag{1-6}$$

②让 R_X 由 0 ~ ∞ 变化,则 I 由满标值下降至 I'。

$$I' = \frac{E}{R_Z + R_X} = \frac{IR_Z}{R_Z + R_X} = \frac{R_Z}{R_Z + R_X}I \tag{1-7}$$

由式(1-7)可得

当 $R_X = 0$ 时,$I' = I$(满标值);

当 $R_X = R_Z$ 时,$I' = 0.5I$(半标值);

当 $R_X = 2R_Z$ 时,$I' = \frac{1}{3}I$;

当 $R_X \to \infty$ 时,$I' = 0$(指针不动)。

③欧姆中心值。

a. 定义:当 $R_X = R_Z$ 时,表头指针指在标尺中心位置,所以把 R_Z 的数值又称为"中心阻值"(或中值电阻)。

为提高读数精度,欧姆表可做成多个量限,例如 $R\times1$,$R\times10$,$R\times100$,$R\times1\text{k}$,$R\times10\text{k}$ 等。在不同量限时都有对应不同的综合内阻 R_Z(中心阻值),不同量限共用一条标尺,这条标尺是以 $R\times1$ 挡的中心阻值来标定的。

把 $R\times1$ 挡的 R_Z 称为"表盘中心标度阻值",由它可标出其他量限的中心阻值。某量限的中心阻值 = 表盘中心标度阻值 × 该量限倍率。

b. 中心阻值的计算。

已知 E 和电流灵敏度,则

$$R_Z = \frac{E}{I} \tag{1-8}$$

(3)欧姆调零

①欧姆调零的原因

在图 1-2-8 中,$R_X = 0$ 时零位假设已调好,但在实际使用中,E 会变化,换新电池 E 增加,电池用旧 E 减少。当 E 增加时,I 会超过满标值,当 E 减少时,I 会小于满标值,指示 $R_X \neq 0$(实际 $R_X = 0$)。为此要进行欧姆调零。

②调节方法

图 1-2-8 为并联式欧姆调零电路。当换新电池后,电压由 1.2 V 升到 1.6 V,将欧姆调零器 R_D 由 A 端调到 B 端,如图 1-2-9(a)→图 1-2-9(b),结果分流电阻减小,分流电流增加,同时表头支路阻值增加,表头电流减小,而使其达到满标值,即调到了零欧姆值。

另外,在改变电阻量程时,由于分流电阻不同导致电阻中心值的改变,也需要使用 R_D 重新调节零位,以保证使用不同量程时都能具有正常的读数准确度。

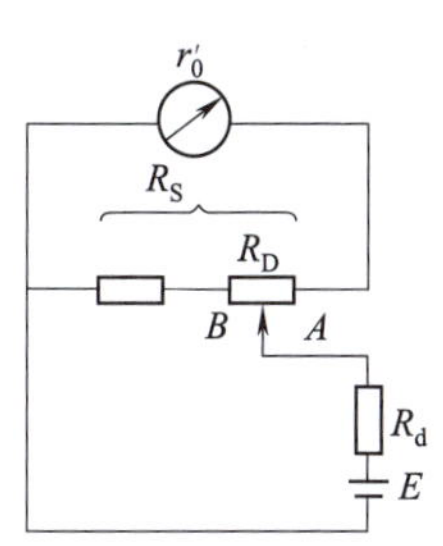

图 1-2-8　并联式调零欧姆电路

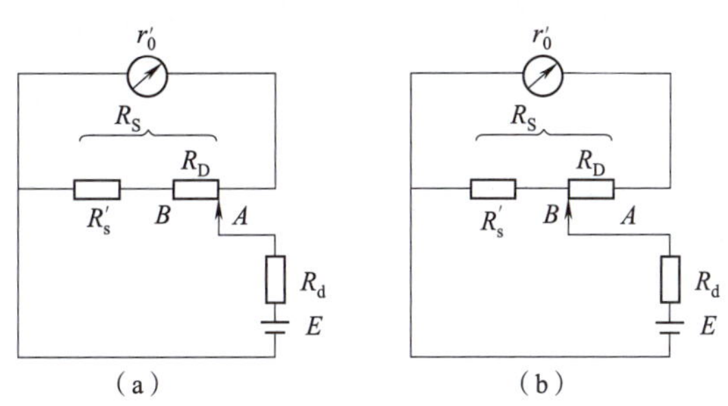

图 1-2-9　并联式欧姆调零电路在不同电压时的情况

2. 实训中欧姆挡线路的设计计算原理

(1)电路的选择

图 1-2-10 为本实训采用的欧姆挡线路,表头的参数同直流电压测量线路设计,即 $I_m = 100\ \mu A$,$r'_0 = 2\ 250\ \Omega$。取 $E = 1.5\ V$,则须进行分流与分压。

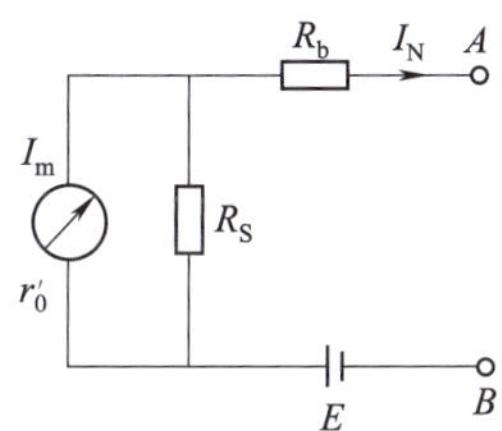

图 1-2-10　实训中欧姆挡线路

①分流:R_S 的并入使得表头电流满偏时,仪表的灵敏度降低,从 A 端流出电流 I_N 增大了。I_N 的增大,使得从 A、B 两端看进去,仪表的总内阻较未并入 R_S 时降低了。

②若取 $R_S = 250\ \Omega$,则测量机构部分变成为 1 mA 的电流表(见图 1-2-3 实训用万用表直流电流分流电阻的计算),此时

$$R_Z = \frac{1.5\ V}{1 \times 10^{-3}\ A} = 1\ 500\ \Omega\ (\text{欧姆中心值})$$

③分压电阻:

$$R_b = \frac{E}{I_N} - \frac{r'_0 R_S}{r'_0 + R_S} = \frac{1.5\ V}{1 \times 10^{-3}\ A} - \frac{2\ 250 \times 250}{2\ 250 + 250}\ \Omega = 1\ 500\ \Omega - 225\ \Omega = 1\ 275\ \Omega$$

(2)计算欧姆刻度

欧姆挡的刻度可以用计算的办法来确定,即可将原表头的刻度盘改为按欧姆刻度。这时需要计算 R_X 的各个值应该刻度在哪些分格上,计算公式为

$$\alpha = \frac{R_Z}{R_Z + R_X}\alpha_m \tag{1-9}$$

式中　α_m ——刻度盘上的满偏读数(设 $\alpha_m = 100$);

R_Z ——欧姆表的中值电阻值;

R_X ——被测电阻值;

α ——与 R_X 对应的刻度读数。

本实训中 R_Z 为 1 500 Ω，表 1-2-2 表示 α 与 R_X 的关系。

表 1-2-2　α 与 R_X 的关系

R_X (Ω)	0	100	200	300	500	700	1 200
α	100	93.8	88.2	83.4	75	68.2	55.6
R_X (Ω)	1 500	1 700	2 000	3 000	5 000	10 k	20 k
α	50	46.8	42.8	33.4	23	13	7

实训实施

一、表头参数的测定

1. 表头 I_m 测定（本实训给定表头 I_m =100 μA）

按图 1-2-11 所示电路图接线，输出电压 U_S 接 0～10 V 电压源（接通电路前置于“0”位），R = 75 kΩ，A_0 为标准电流表（数字万用表），A 为待测表头。调节 U_S 使被测表头满偏，读取标准表的电流值，即为被测表头的灵敏度 I_m，并记录其数值。

2. 表头内阻的调试

本次设计所使用的等效表头支路总电阻 r'_0 = 2 250 Ω，其中 r' 是一个“补足电阻”，下面按串联分压半偏法来调试 r' 的大小，确保 r'_0 = 2 250 Ω。

本实训中所给的等效表头设定：I_m =100 μA，r'_0 = 2 250 Ω，则等效表头满偏时允许通过的电压 $U_m = I_m \times r'_0$ = 0.225 V，如图 1-2-12 所示，R =2 250 Ω（用 2.2 kΩ 串联 50 Ω 组成）。

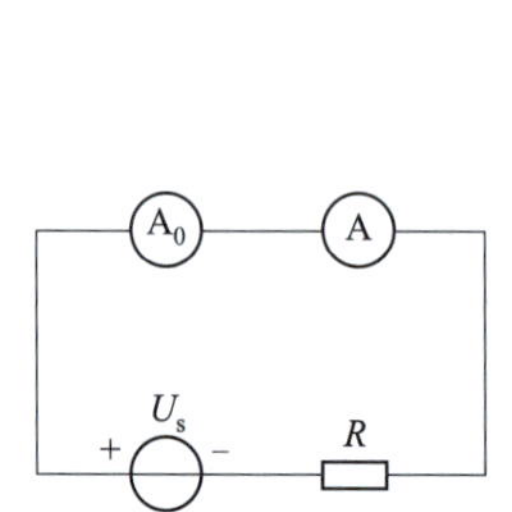

图 1-2-11　表头灵敏度的测定

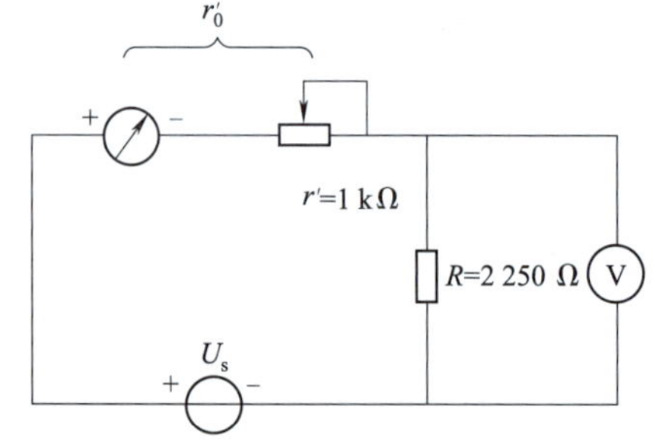

图 1-2-12　头内阻的调试

（1）调节 U_S，从零逐步增大，直到 0.45 V。

（2）调节 r'（用 1 kΩ 的电位器），直到电压表的读数为一半（0.225 V）。

小提示

为方便后面的测量，调好后的 r' 固定不变。

二、直流电流挡的校验

组成直流电流量程为 1/5 mA 的电流表，并对其进行校验。

（1）按图 1-2-13 所示电路搭接成直流电流挡，电阻 r_1 和 r_2 可在“电路分析实验箱万用表电路区”找到 $r_1 = 200\ \Omega$, $r_2 = 50\ \Omega = 20\ \Omega + 30\ \Omega$ 。

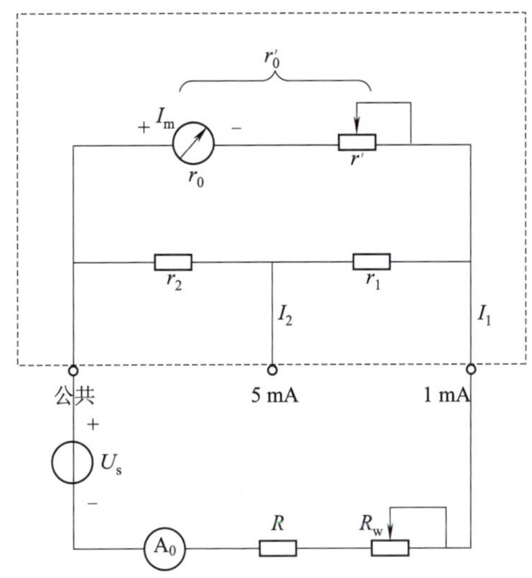

图 1-2-13　直流电流挡的校验电路

(2)校验:

①按图 1-2-13 所示连接好电路, $R = 100\ \Omega$, R_W 为 10 kΩ 电位器(先置于约 5 kΩ), A_0 为数字万用表相应的电流挡标准电流表, U_S 先调到输出最小(0)。

②校验 1 mA 挡:调节 U_S ,逐渐增大,使标准电流表表头读数至 1 mA,读出改装表表头的读数。

③慢慢减小 U_S ,使标准电流表表头按表格 1-2-3 数据,读取并记录改装表表头 A_0 的读数。

表 1-2-3　直流量程 1 mA 电流表校验数据

I_0 (mA)	1	0.8	0.6	0.4	0.2	0
改装表读数(mA)						

④同理校验 5 mA 电流挡。U_S 先置于约 5 V 位置, R_W 为 10 kΩ 电位器(先置于约 5 kΩ),调节 R_W 使标准电流表读数至 5 mA。按表格 1-2-4 数据,读取并记录改装表表头的读数。

表 1-2-4　直流量程 5 mA 电流表校验数据

I_0 (mA)	5	4	3	2	1	0
改装表读数(mA)						

三、直流电压挡的校验

组成直流电压量程为 2.5/10 V 的电压表,并对其进行校验。

(1)按图 1-2-14 所示电路连接成直流电压挡,电阻 R_1 、R_2 均可在“电路分析实验箱万用表电路区”找到, $R_1 = 22.75\ \text{k}\Omega = 22\ \text{k}\Omega + 750\ \Omega$, $R_2 = 75\ \text{k}\Omega$ 。

(2)校验:

a. 按图 1-2-14 所示电路连接好电路, V_0 为数字万用表相应的电压挡, U_S 先调到输出最小(0)。

b. 调节 U_S ,逐渐增大,使标准电压表表头读数为 10 V,读出改装表表头的读数。然后调节电压源的输出,使其从 10 V 逐渐降至 2 V,依次减小 2 V,并用改装成的直流电压表进行测量,并记录在表 1-2-5 中。

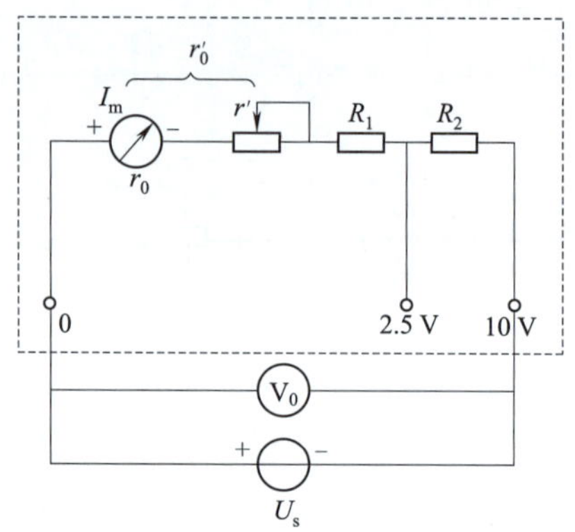

图 1-2-14　直流电压挡的校验电路

表 1-2-5　直流量程 10 V 电压表校验数据

U_0 (V)	10	8	6	4	2
改装表读数(V)					

c. 同理校验 2.5 V 电压表，并将数据填入表 1-2-6 中。

表 1-2-6　直流量程 2.5 V 电压表校验数据

U_0 (V)	2.5	2.0	1.5	1.0	0.5
改装表读数(V)					

四、交流电压挡的校验

组成交流电压量程为 5 V 的电压表，并对其进行校验。

(1)按图 1-2-15 所示电路搭接交流电压 5 V 挡电路，R_S = 2 250 Ω(2.2 kΩ + 30 Ω + 20 Ω)，R_5 = 9.626 kΩ（实际用 10 kΩ 电位器，数字万用表调到 9.626 kΩ）。

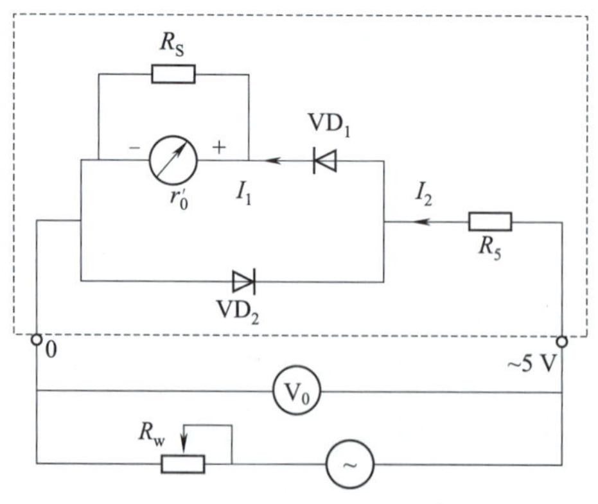

图 1-2-15　交流电压挡的校验

(2)校验：

按图 1-2-15 所示连接好电路，交流电源用互感器输出端 5.3 V 左右，调节 R_W（100 kΩ 电位器）

和 R_5，使数字万用表读数为 5 V 时，读取校验表的读数，然后 R_5 不再调节，依次改变 R_W，按表 1-2-7 数据，读取并记录改装表表头 V_0 的读数。

表 1-2-7 交流量程 5 V 电压表校验数据

U_0 (V)	5	4	3	2
改装表读数(V)				

五、欧姆挡的校验

组成中值电阻为 1 500 Ω 的欧姆表，并对其进行校验。

(1)按图 1-2-16 所示搭接线路，$R_S = 250\ \Omega$，$R_b = 1\ 275\ \Omega$，$E = 1.5\ V$，计算出 $R_Z = 1\ 500\ \Omega$。

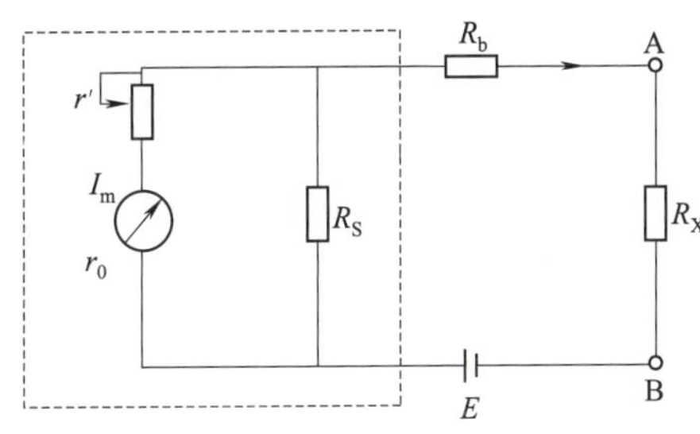

图 1-2-16 欧姆校验电路

(2)欧姆刻度的核对：

用实验箱中的电阻核对计算出来的刻度接近程度，数据填于表 1-2-8。(更准确地核对要用准确度更高的电阻箱)

表 1-2-8 欧姆挡刻度校验数据

R_x(Ω)	0	100	200	300	500	700	1 200
电流表刻度值(计算)	100	93.8	88.2	83.4	75	68.2	55.6
电流表刻度值 α(测量)							
R_x(Ω)	1 500	1 700	2 000	3 000	5 000	10 k	20 k
电流表刻度值(计算)	50	46.8	42.8	33.4	23	13	7
电流表刻度值 α(测量)							

小提示

(1)输入仪表的电压和电流要注意仪表的量程，不可过大，以免损坏仪表。

(2)可外接标准表(如智能直流毫安表和直流电压表作为标准表)进行校验。

(3)注意接入仪表的信号极性，以免指针反偏而打坏指针。

(4)操作时注意用电安全。

实训成绩评定(表 1-2-9)

表 1-2-9　指针式万用表的设计与校验成绩评定标准

考核要求	熟练使用实验箱,并能独立完成电路连接、参数测量	熟练使用实验箱,并能小组合作完成电路连接、参数测量	基本掌握使用实验箱,配合小组成员完成电路连接、参数测量	基本掌握使用实验箱,无法掌握参数测量方法	无法掌握本实训内容或误操作损坏实训设备
评分标准	A^+	A	B^+	B	C
实操得分					

实训报告

1. 总结电流表的改装原理方法。
2. 总结电阻、直流电压、直流电流、交流电压各挡位改装的测量操作步骤及注意事项。
3. 记录实验数据。
4. 其他(包括实验的心得、体会等)。

项目二　常用元件的识别与检测

项目描述

电阻、电感、电容元件是电子电路中常用的元器件。本项目主要是训练使用指针式万用表、数字式万用表及新型电阻电感电容测量表对电阻、电感、电容元件进行测量。

项目目标

1. 掌握电阻、电感、电容元件的测量原理。
2. 熟练掌握用指针式万用表和数字式万用表测量电阻、电感、电容元件的测量方法。
3. 熟练掌握用新型电阻电感电容测量表测量电阻、电感、电容元件的方法。

实训一　电阻、电感、电容元件的识别与检测

实训目标

1. 了解电阻、电感、电容元件的性能、结构与规格。
2. 掌握电阻、电感、电容元件的测量原理。
3. 熟练掌握用指针式万用表和数字式万用表测量电阻、电感、电容元件的测量方法。

实训内容

学习如何识别电阻、电感、电容元件的参数及测量方法。

实训工具、仪表和仪器

1. 仪表:MF47 型指针式万用表、UT58A 型数字式万用表
2. 仪器:电路分析实验箱
3. 电阻、电感、电容元件、连接导线若干(根据实际情况准备)

相关知识

电子电路系统都是由电子元器件组成的,常用的有电阻、电感、电容和各种半导体器件(如二极管、三极管等)。为了正确地选择和使用这些电子元器件,就必须对它们的性能、结构与规格有一定的了解。

一、电阻

电阻通常用 R 表示,在电路中起限流、分流、降压及阻抗匹配等作用。据统计,在电路系统中,

电阻占元器件总数的50%左右,是电气设备中使用最多的元件。

(一)电阻的种类

电阻及电位器实物如图2-1-1所示,其种类有很多,按结构可分为:固定电阻,可变电阻,特种电阻;按材料可分为碳膜电阻、金属膜电阻和线绕电阻。平时在教学中多使用的是碳膜电阻,其特点是高频特性好、稳定度较高、价格低廉,是目前应用最广泛的电阻。

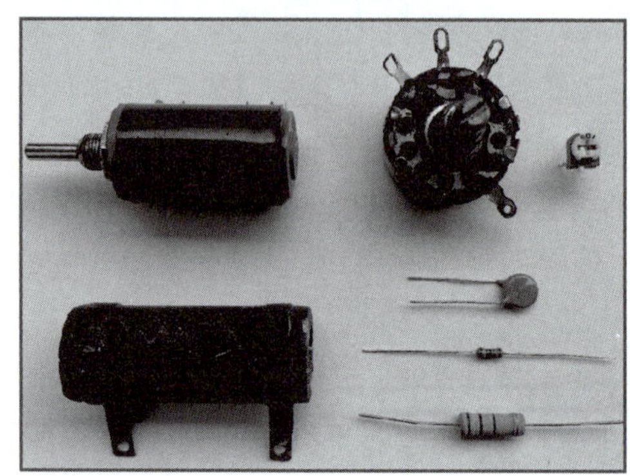

图2-1-1　电阻及电位器实物

(二)电阻的标注方法和参数

1. 标称阻值和允许误差

标称阻值是指电阻上标出的名义阻值,阻值的单位为欧姆(Ω)。而实际阻值往往与标称阻值有一定的偏差,这个偏差与标称阻值的百分比称为允许误差。误差等级越小,电阻精度越高。

阻值和允许误差在电阻上常用的标注方法有下列三种。

(1)直接标注法:将电阻的阻值和误差等级直接用数字印在电阻上。对小于1 000 Ω的阻值只标出数值,不标单位。对kΩ、MΩ只标注k、M。精度等级标Ⅰ或Ⅱ级,Ⅲ级不标注。例如:1.5 kΩ、误差为±10%的电阻的直接标注法如图2-1-2(a)所示。

(2)文字符号法:用阿拉伯数字和文字符号两者有规律的组合来表示标称阻值,其允许误差也用文字符号表示。符号前面的数字表示整数阻值,后面的数字依次表示第一位小数阻值和第二位小数阻值。如:欧姆用Ω;千欧用k;兆欧(10^6 Ω)用M;吉欧(10^9 Ω)用G;太欧(10^{12} Ω)用T。例如,3.3×10^{12}Ω的电阻可标志为(3T3);8.2 kΩ、误差为±10%的电阻的文字符号标志为(8k2Ⅱ),如图2-1-2(b)所示。

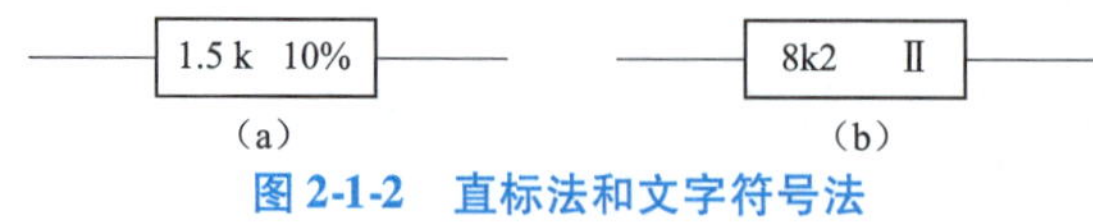

图2-1-2　直标法和文字符号法

(3)色环标注法:对体积很小的电阻和一些合成电阻,其阻值和误差常用色环来标注,如图2-1-3所示。用不同颜色的色环或点在电阻表面标出标称阻值和允许误差。

黑—0、棕—1、红—2、橙—3、黄—4、绿—5、蓝—6、紫—7、灰—8、白—9、金—±5%、银—±10%、无色—±20%

如:当电阻为四环时,最后一环必为金色或银色,前两位为有效数字,第三位为倍率,第四位为误差。

如:当电阻为五环时,最后一环与前面四环距离较大,前三位为有效数字,第四位为倍率,第五位为误差。

例如:某电阻有四道色环,分别为黄(4)、紫(7)、红(10^2)、金(±5%),则其阻值为:4 700 Ω ±5%。

例如:某电阻的五道色环为:橙(3)橙(3)红(2)红(10^2)棕(±1%),则其阻值为:33.2 kΩ ±1%。

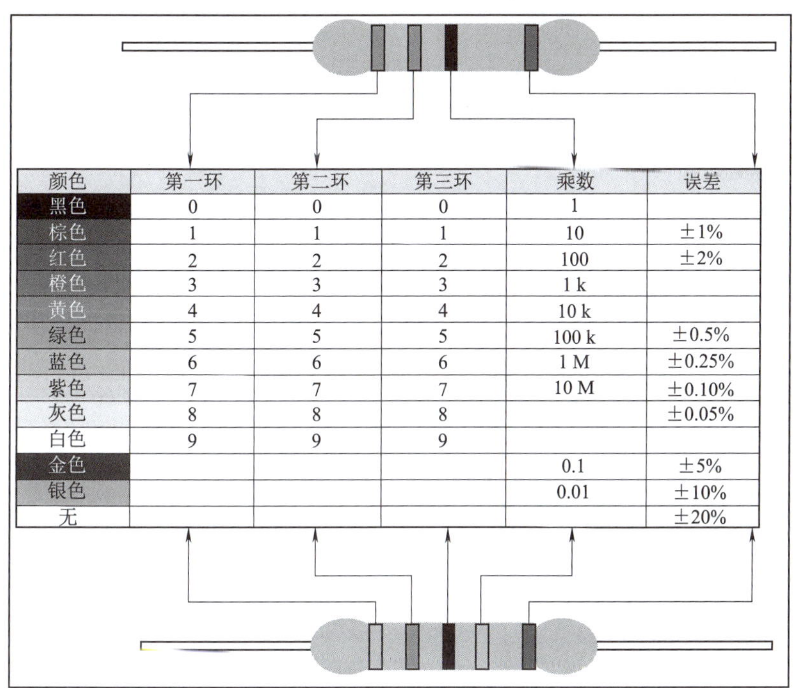

颜色	第一环	第二环	第三环	乘数	误差
黑色	0	0	0	1	
棕色	1	1	1	10	±1%
红色	2	2	2	100	±2%
橙色	3	3	3	1 k	
黄色	4	4	4	10 k	
绿色	5	5	5	100 k	±0.5%
蓝色	6	6	6	1 M	±0.25%
紫色	7	7	7	10 M	±0.10%
灰色	8	8	8		±0.05%
白色	9	9	9		
金色				0.1	±5%
银色				0.01	±10%
无					±20%

图 2-1-3　电阻色环标注法

2. 电阻的主要技术参数

(1)额定功率:指电阻在正常气压及温度下,长期工作所允许消耗的最大功率。通常有 1/8 W、1/4 W、1/2 W、1 W、2 W、5 W、10 W,等等。

(2)温度系数:指温度变化 1 ℃引起的电阻值的相对变化。

(3)电压系数:在规定的电压范围内,电压每变化 1 V,电阻值的相对变化量。

(4)额定电压:由阻值和额定功率换算出的电压。

(5)最高工作电压:允许的最大连续工作电压。在低气压工作时,最高工作电压较低。

(三)电位器的检测

电位器实际就是可调电阻,一般有三个端子:两个固定端、一个滑动端,如图 2-1-4 所示。电位器的标称值是两个固定端的电阻值,滑动端可在两个固定端之间的电阻体上滑动,使滑动端与固定端之间的电阻值在标称值范围内变化。

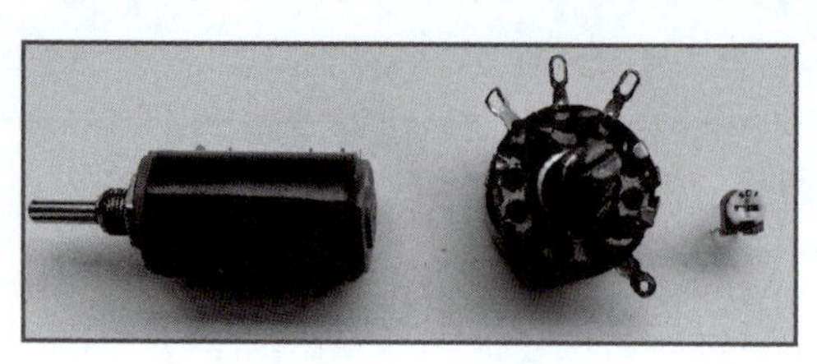

图 2-1-4　各种电位器外形

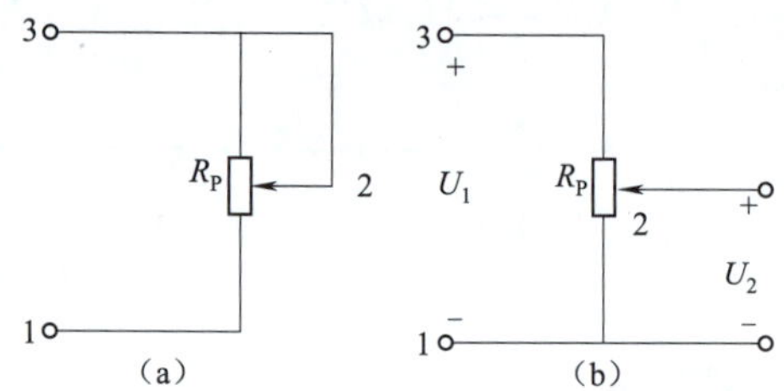

图 2-1-5　电位器的连接

电位器常用作可变电阻或用于调节电位。当电位器作为可变电阻使用时，连接方式如图 2-1-5(a)所示，这时将 2 和 3 两端连接，调节 2 点位置，1 和 3 端的电阻值会随 2 点的位置而改变。用作调节电位时，连接方式如图 2-1-5(b)所示，输入电压 U_1 加在 1 和 3 两端，改变 2 点的位置，2 点的电位 U_2 就会随之改变，起调节电位的作用。

二、电感

一个载流线圈的磁通量与线圈中电流成正比，其比例常数用 L 表示，称为电感，又称电感线圈。在调谐、振荡、滤波、耦合、匹配、陷波、延迟、补偿、偏转、聚焦等电路中是必不可少的。各种电感线圈实物如图 2-1-6 所示，实际电感等效电路如图 2-1-7 所示。

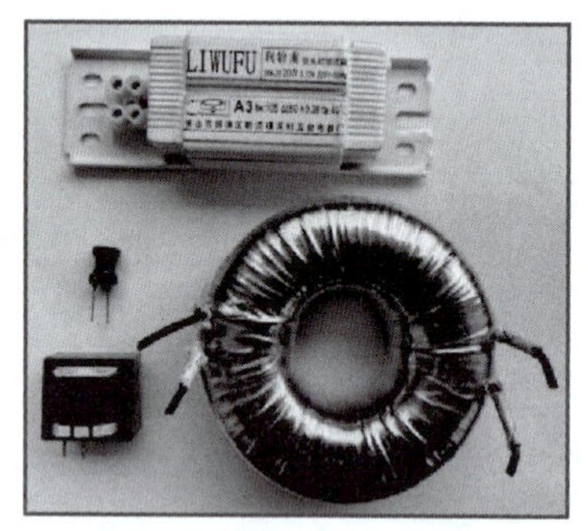

图 2-1-6　各种电感线圈实物

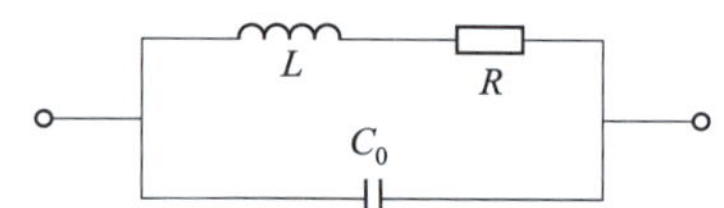

图 2-1-7　实际电感等效电路

(1)根据电感的电感量是否可调可分为：固定、可变和微调电感几类。

(2)根据电感的结构可分为：单层线圈、多层线圈、蜂房线圈、带磁芯、铁芯和磁芯有间隙的电感等。它们的符号如图 2-1-8 所示，其中图 2-1-8(a)为空心线圈，图 2-1-8(b)为带磁芯、铁芯的电感，图 2-1-8(c)为磁芯有间隙电感，图 2-1-8(d)为带磁芯连续可调电感，图 2-1-8(e)为有抽头电感，图 2-1-8(f)为步进移动触点的可变电感，图 2-1-8(g)为可变电感。

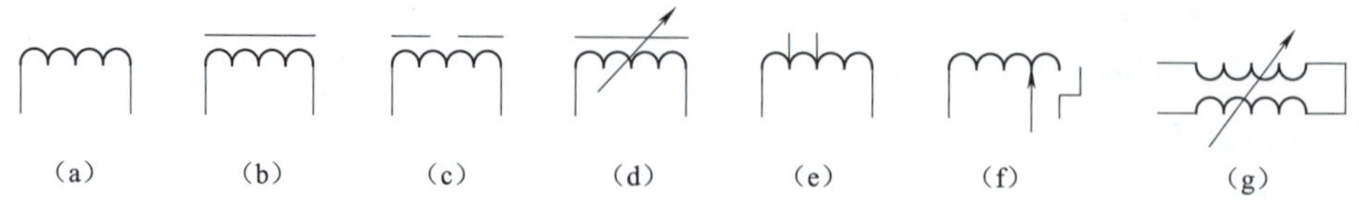

图 2-1-8　电感的电路符号

除此之外，还有一些小型电感，如色码电感、平面电感和集成电感，可满足电子设备小型化的需要。

三、电容

电容是一种能存储电能的元件，其特点是通交流、隔直流、阻低频、通高频，在电路中常用作耦合、旁路、滤波、谐振等用途。

(一)电容的分类

(1)按照结构分三大类：固定电容、可变电容和微调电容。

(2)按电介质分类有：有机介质电容、无机介质电容、电解电容和空气介质电容等。

(3)按用途分有：高频旁路电容、低频旁路电容、滤波电容、调谐电容、高频耦合电容、低频耦合电容和小型电容。

(二)常用电容

电容的种类有很多，主要有铝电解电容、钽电解电容、薄膜电容、瓷介电容、独石电容、纸质电容、微调电容、陶瓷电容这几种，如图 2-1-9 所示。在教学中常用的是电解电容和陶瓷电容。

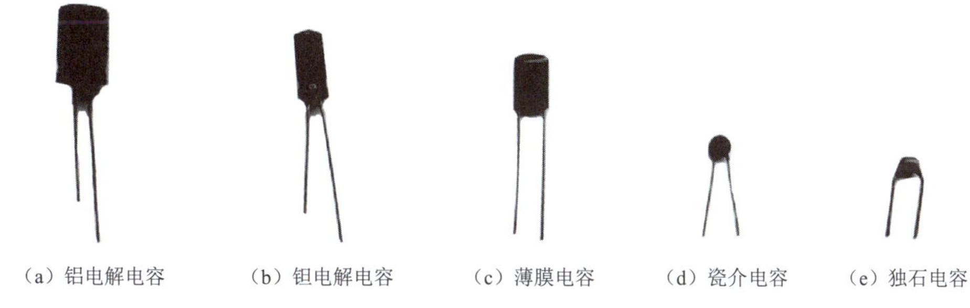

(a) 铝电解电容　(b) 钽电解电容　(c) 薄膜电容　(d) 瓷介电容　(e) 独石电容

图 2-1-9　各种电容实物

(三)电容的主要参数

标称容量与允许误差：电容上标注的电容量值，称为标称容量。标准单位是法拉(F)，另外还有微法(μF)、纳法(nF)、皮法(pF)，它们之间的换算关系为

$$1\ \mathrm{F} = 10^{6}\ \mu\mathrm{F} = 10^{9}\ \mathrm{nF} = 10^{12}\ \mathrm{pF}$$

电容的标称容量与其实际容量之差，再除以标称值所得的百分比，就是允许误差。不同类型的电容采用不同的精度等级，精密电容的允许误差较小，而电解电容的允许误差较大。一般常用电容的精度等级分为三级：Ⅰ级为 ±5%，Ⅱ级为 ±10%，Ⅲ级 ±20%。

1. 电容的标称容量、误差标注方法

(1)直标法

①在产品的表面上直接标注出产品的主要参数和技术指标的方法。

例如：在电容上标注："33 μF""32 V"。

②简略方式(不标注容量单位，只标注有效数字)。

当 9 999≥有效数字≥1 时，容量单位为 pF；当有效数字 <1 时，容量单位为 μF。

例如："15"表示 15 pF；"0.22"表示 0.22 μF。

(2)文字符号法

将需要标注的主要参数与技术性能用文字、数字符号有规律的组合标志在产品的表面上。采用文字符号法时,将容量的整数部分写在容量单位标志符号前面,小数部分放在单位符号后面。

例如:“3.3 pF”标注为3p3;“1 000 pF”标注为1n,“6 800 pF”标注为6n8,“2.2 μF”标注为2μ2。

(3)数字表示法

体积较小的电容常用数字标注法。一般用三位整数,第一位、第二位为有效数字,第三位表示倍率,单位为皮法(pF)。但是当第三位数是9时表示10^{-1}。

例如:“243”表示容量为24 000 pF,而“339”表示容量为33×10^{-1} pF(3.3 pF)。

(4)色标法

电容的色标法原则上与电阻器类似,其单位为皮法(pF)。

2. 电容的额定耐压

在规定温度范围下,电容正常工作时能承受的最大直流电压。

固定式电容器的耐压系列值有:1.6 V、4 V、6.3 V、10 V、16 V、25 V、32 V、40 V、50 V、63 V、100 V、125 V、160 V、250 V、300 V、400 V、450 V、500 V、1 000 V等。

耐压值一般直接标在电容上,但有些电解电容在正极根部用色点来表示耐压等级,如“6.3 V”用棕色,“10 V”用红色,“16 V”用灰色。电容在使用时不允许超过这个耐压值,若超过此值,电容就可能损坏或被击穿,甚至爆裂,造成危险。

实训实施

一、电阻测量

1. 测量电阻值

(1)任意选取四色环、五色环电阻,根据色环标注法读取色环电阻阻值,并用指针式万用表或数字万用表电阻挡测量该电阻值,检验读取阻值是否正确。

(2)任意选取电位器,用指针式万用表或数字万用表电阻挡测量该电位器阻值,并根据检验电位器方法检测该电位器的好坏。

2. 检查电位器的性能

检查电位器时,首先要转动旋柄,检查旋柄转动是否平滑,开关是否灵活。开关通、断时“咔嗒”声是否清脆,并听一听电位器内部接触点和电阻体摩擦的声音,如有“沙沙”声,说明质量不好。用万用表测量时,先根据被测电位器阻值的大小,选择好万用表的合适电阻挡位,然后可按下述方法进行检测。

(1)用万用表的欧姆挡测“1”“3”两端,其读数应为电位器的标称阻值,如万用表的指针不动或阻值相差很多,则表明该电位器已损坏。

(2)检测电位器的活动臂与电阻片的接触是否良好。用万用表的欧姆挡测电位器“1”“2”两端,将电位器的转轴按逆时针方向旋至接近“关”的位置,这时电阻值越小越好。再顺时针慢慢旋转

轴柄，电阻值应逐渐增大，表头中的指针应平稳移动。当轴柄旋至极端位置“3”时，阻值应接近电位器的标称值。用万用表的欧姆挡测电位器“2”“3”端时结果应正好与测电位器“1”“2”两端相反。指针式万用表的指针在电位器的轴柄转动过程中有跳动现象，说明电位器活动触点有接触不良的故障。

二、电感测量

1. 测量电阻值

任意选取电感，用指针式万用表或数字万用表电阻挡测量该电感的直流电阻值，并检测该电感的好坏。

2. 检查电感的性能

电感的精确测量需要 Q 表、电感电容电桥、LCR 测试仪等，也可用指针式万用表 $R\times1$ 挡测量其电阻大致判断其好坏。一般电感的直流电阻很小，为零点几欧至几欧。如果测得电感电阻无穷大时，表明其内部或引出端断线。但电感线圈的局部短路是不易检测出来的。

使用指针式万用表的电阻挡测量电感的通断及电阻值大小，通常是可以对其好坏作出鉴别判断的(如使用数字万用表测量电感，则置于 $R\times200$ 挡)。将指针式万用表置于 $R\times1$ 挡，红、黑表笔各任接电感的任一引出端，此时指针应向右摆动，根据测出的电阻值大小，可具体分下述三种情况进行鉴别。

(1)被测电感的电阻值太小，说明电感内部线圈有短路性故障，注意测量操作时，一定要先将指针式万用表调零，并仔细观察指针向右摆动的位置是否确实到达零位，以免造成误判。当怀疑电感内部有短路性故障时，最好用 $R\times1$ 挡反复多测几次，这样才能作出正确的鉴别。

(2)被测电感有电阻值，电感直流电阻值的大小与绕制电感线圈所用的漆包线线径、绕制圈数有直接关系，线径越细，圈数越多，则电阻值越大。一般情况下只要能测出电阻值，则可认为被测电感是正常的。

(3)被测电感的电阻值为无穷大，这种现象比较容易区分，说明电感内部的线圈或引出端与线圈接点处发生了断路性故障。

小提示

若使用数字万用表测量电感，测量阻值为 0 表示电感内部已短路，测量阻值为 1 表示电感内部已断路。

三、电容测量

1. 测量电阻值

任意选取电容，根据其外封装上的标注读取电容标称容值，并用指针式万用表或数字式万用表电阻挡测量该电容，检验读取阻值是否正确。

2. 检查电容的性能

对电容进行性能检查，应视型号和容量的不同而采取不同的方法。

(1)电解电容漏电的检测

①将万用表拨至 ×1 k 挡量程后调零，用黑表笔接电源的正极，红表笔接电源的负极，电容开始充电，故表针迅速向右摆动。当摆到一定的角度后(充电结束)，又会慢慢转回来，容量越大，向右摆

动的角度越大,但表针通常不能返回到无穷大的位置。

②漏电较小的电解电容指针向左返回后所指示的漏电电阻通常大于500 kΩ。若测得的电阻小于100 kΩ,则说明所测电容已经漏电,不能使用。再对换表笔,即黑表笔接电解电容的负极,红表笔接电解电容的正极,正常时万用表指针向右摆动,摆动幅度应超过第一次测量时表针的摆动幅度,然后返回来,测得的反向漏电电阻应大于正向漏电电阻。

③若上述测量时表针不动,或第二次测量时表针的摆动幅度未超过第一次测量时表针的摆动幅度,则说明被测电容已失效或充电放电能力变差。

④若测得电解电容正反向电阻均接近或无穷大,则说明该电容器已被击穿短路或开路失效。

(2)中、小容量电容的测试

这类电容的特点是无正、负极之分,绝缘电阻很大,因而其漏电流很小。若用指针式万用表的电阻挡直接测量其绝缘电阻,则表针摆动范围极小不易观察,用此法主要是检查电容的断路情况。

四、记录实训测量数据

学会认识各种电子元件,掌握电阻、电感、电容的测量方法。将选取测量的电阻(电位器)、电感、电容其相关测量结果数据填入表2-1-1中。

表2-1-1 电阻、电感、电容测量数据

测量元件	标称值	测量值	判断其性能好坏(注明检测结果)
电阻(Ω)			
电感器(mH)		(直流电阻值)	
		(直流电阻值)	
		(直流电阻值)	
电容器(nF、μF)		—	
		—	
		—	

实训成绩评定(表2-1-2)

表2-1-2 电阻、电感器、电容器测量的成绩评定标准表

考核要求	熟练使用仪表,掌握方法并能独立完成参数测量	熟练使用仪表,并能小组合作完成参数测量	基本掌握使用仪表,配合小组成员完成参数测量	基本掌握使用仪表,无法掌握参数测量方法	无法掌握本实训内容或误操作损坏实训设备
评分标准	A⁺	A	B⁺	B	C
实操得分					

实训报告

1. 简述电阻、电感、电容三种电路元件的主要参数和各自的检测方法。
2. 记录实验数据。
3. 其他(包括实验的心得、体会等)。

实训二　新型电阻电感电容表的使用

实训目标

熟练掌握使用新型电阻电感电容表测量电阻、电感、电容元件的测量方法。

实训内容

学习使用新型电阻电感电容表测量电阻、电感、电容元件参数的方法。

实训工具、仪表和仪器

1. 仪表:UT603 新型电阻电感电容表
2. 仪器:电路分析实验箱
3. 电阻、电感、电容元件、连接导线若干(根据实际情况准备)

相关知识

新型电阻电感电容表是一种性能稳定、安全可靠的手持式 3 位半手动切换量程数字仪表,其除了可测量电阻、电感、电容参数外,还具有测量三极管的放大倍数 β 、二极管正向压降及电路通断等功能(此型号仪表无测量品质因数的功能),是一种方便的测量工具。

UT603 新型电阻电感电容表面板结构如下:

图 2-2-1 为 UT603 新型电阻电感电容表面板,包括电源开关、LCD 显示屏、晶体管放大倍数 h_{FE} 测试输入插孔、电阻/二极管测量输入端、L_X/C_X 输入端、量程开关,并配有红黑带夹短测量线一对。

液晶显示屏最大显示值为 199;负极性输入会显示“ - ”符号;若输入超量程时,显示屏左端出现“1”或“ -1”的提示字样。

电源开关(POWER)可根据需要,分别置于“ON”(开)或“OFF”(关)状态。测量完毕,应将其置于“OFF”状态,以免空耗电池。新型电阻电感电容表的电池盒位于后盖的下方,采用一个 9 V 叠层电池。电池盒内还装有熔丝管,以起过载保护作用。

h_{FE} 插孔用以测量三极管的放大倍数 β 值时,将其 B、C、E 极对应插入测量输入插孔。

测量输入端是新型电阻电感电容表通过测量线与被测量连接的部位,设有“COM”“Ω”“ + ”“ - ”四个插孔。测量电阻、二极管和电路通断时,黑测量线应置于“COM”插孔,红测量线置于“Ω”插孔。测量 L/C 时,红、黑测量线分别置于“ + ”“ - ”插孔。

图 2-2-1　UT603 新型电阻电感电容表

实训实施

一、UT603 新型电阻电感电容表的使用

1. 电阻测量

(1)将红测量线插入“Ω”插孔,黑测量线插入“COM”插孔。

(2)将量程开关置于 Ω 量程对应挡位,将红、黑测量线并接到待测量电阻上。

(3)从显示屏上读取测量结果。

小提示

测量在线电阻时,为了避免仪表受损,须确认被测量电路已关掉电源。

2. 电感测量

(1)将功能开关置于“L”挡,“L/C 切换键”选择“L”。

(2)如果被测电感大小未知,应先选择最大量程再逐步减小。

(3)被测电感用红黑测量线夹住,插入“ L_x ”两测量插孔进行测量并保证可靠接触,显示屏上即显示出被测电感值。

小提示

在使用 2 mH 量程时,应先将测量线短路,测得引线的电感,然后实测中减去该值。若测量非常小的电感,最好用小测量孔测量。

3. 电容测量

（1）将功能开关置于“C”挡，“L/C 切换键”选择“C”。

（2）如果被测电容大小未知，应先选择最小量程再逐步增大量程（超量程会显示“1”），直到超量程显示消失并得到读数为止。

（3）被测电容用红黑测量线夹住，插入“L_X”两测量插孔进行测量，并保证可靠接触，显示屏上即显示出被测电容值。若测量非常小的电容，最好用小测量孔测量，已免引入任何杂散电容。

> **小提示**
>
> 测量电容不允许带电测量被测电容，一定要先短路放电后，再进行测试。当被测电容漏电或击穿，测试值会不稳定，可初步判定该电容有问题并借助其他工具加以确认。

4. 二极管和蜂鸣通断测量

（1）将红测量线插入“Ω”插孔，黑测量线插入“COM”插孔。

（2）将量程开关置于“二极管和蜂鸣通断测量”挡位。

（3）如将红测量线连接到待测二极管的正极，黑测量线连接到待测二极管的负极，则显示屏上的读数为二极管正向压降的近似值。

（4）如将测量线连接到待测线路的两端，若被测线路两端之间的电阻值在 10 Ω 以下时，仪表内置蜂鸣器发声。若被测线路两端之间的电阻值大于 10 Ω，蜂鸣器可不发声，同时显示屏显示被测线路两端的电阻值。

> **小提示**
>
> 为了避免仪表损坏，在线测量二极管前，应先确认电路已被切断电源，电容已放完电。如果被测二极管开路或极性接反（即黑测量线连接的电极为“+”，红测量线连接的电极为“-”）时，显示屏显示“1”。

5. 晶体管参数测量

（1）将量程开关置于“h_{FE}”挡。

（2）待测晶体管分为 NPN 或 PNP 型，将基极（B）、发射极（E）、集电极（C）对应插入 h_{FE}测量孔，显示屏上即显示出被测晶体管的 h_{FE}近似值。

6. 整理归位

每次使用完新型电阻电感电容表后要关闭仪表电源，收拾实训器材、仪表归位。

> **小提示**
>
> （1）以上所有操作步骤，都要注意用电安全。
>
> （2）在使用前要检查仪表和测量线，谨防任何损坏和不正常的现象，如测量线破损必须更换。
>
> （3）若预先不知被测量值的大小范围，为避免量程选得过小而损坏仪表，应选择该种类最大量程进行预测，然后再选择合适的量程。

小提示

新型电阻电感电容表使用注意事项

(1)当显示屏出现“LOBAT”时,表明电池电压不足,应予更换。

(2)不允许使用该仪表去测量电压;被测电容应充分放电,以防电击和损坏仪表。

(3)测量完毕,应关上电源;若长期不用,应将电池取出。

(4)不宜在日光及高温、高湿环境下使用与存放(工作温度为0~40 ℃,湿度为80%以下)。

二、记录实训测量数据

熟练掌握新型电阻电感电容表的测量使用方法。用电路分析实验箱上现有的R、L、C元件,根据测量项目的量程,选用合适大小的元件,使用UT603新型电阻电感电容表进行测量,填入表2-2-1中。[相对误差=(标称值-测量值)/测量值×100%]

表2-2-1 新型电阻电感电容表测量电阻、电感、电容数据

测量元件	量程	标称值	测量值	相对误差
电阻(Ω)	200	75		
	2 k	1.2 k		
	20 k	2.2 k		
	200 k	75 k		
	2 M	1 M		
	20 M	10 M		
电感器	20 mH	10 mH		
	200 mH	100 mH		
	2 H	200 mH		
电容器	2 nF	1 nF		
	20 nF	10 nF		
	200 nF	100 nF		
	2 μF	0.2 μF		
	20 μF	10 μF		
	200 μF	100 μF		
	600 μF	470 μF		

实训成绩评定(表 2-2-2)

表 2-2-2　新型电阻电感电容表使用的成绩评定标准

考核要求	熟练使用仪表，并能独立完成参数测量	熟练使用仪表，并能小组合作参数测量	基本掌握使用仪表，配合小组成员完成参数测量	基本掌握使用仪表，无法掌握参数测量方法	无法掌握本实训内容或误操作损坏实训设备
评分标准	A^{+}	A	B^{+}	B	C
实操得分					

实训报告

1. 总结用新型电阻电感电容表分别测量电阻、电感、电容的测量操作步骤及注意事项。
2. 记录实验数据。
3. 其他(包括实验的心得、体会等)。

项目三　测量电阻专用仪表的使用

项目描述

直流电阻的测量在电工测量中占有重要的地位，根据被测电阻的大小，通常可以分为大电阻（0.1 MΩ 以上）、中值电阻（1 Ω～0.1 MΩ）和小电阻（1 Ω 以下），能通过不同的仪器来测量各种电阻值的大小。本项目主要是训练使用直流单臂电桥测量中值电阻；用直流双臂电桥测量外附分流器的电阻；用兆欧表测量变压器的一/二次绕阻、线圈与铁芯的绝缘电阻，以及用接地电阻测试仪测量接地电阻。

项目目标

1. 掌握直流电阻的测量分类。
2. 熟练掌握用直流单臂电桥测量中值电阻的测量方法。
3. 熟练掌握用直流双臂电桥测量小电阻的测量方法。
4. 熟练掌握用兆欧表测量大电阻的测量方法。
5. 熟练掌握用接地电阻测试仪测量接地电阻的测量方法。

实训一　直流单臂电桥的使用

实训目标

1. 了解直流单臂电桥的性能和结构。
2. 掌握直流单臂电桥的测量原理。
3. 熟练掌握用直流单臂电桥测量中值电阻的测量方法。

实训内容

学习直流单臂电桥测量操作方法，并能使用仪表测量中值电阻参数。

实训工具、仪表和仪器

1. 仪表：QJ23 型直流单臂电桥、MF47 型指针式万用表（或 UT58A 型数字式万用表）
2. 仪器：电路分析实验箱、电阻器箱
3. 中值电阻若干、连接导线若干（根据实际情况准备）

相关知识

直流单臂电桥又称惠斯登电桥，与万用表相比，其特点是能精确测量出中值电阻值。

图 3-1-1 为直流单臂电桥原理电路图，其中 ad、bc、ac 和 bd 四条支路称为电桥的四个桥臂，在电桥对角线 cd 上接入指示仪表 G（一般采用检流计），在另一对角线 ab 上接入直流电源。

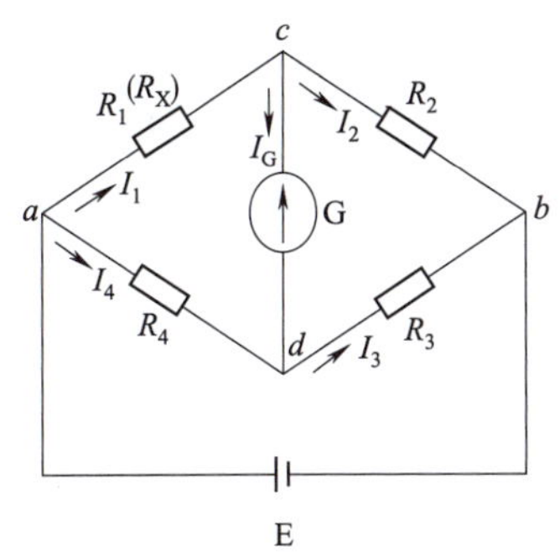

图 3-1-1　直流单臂电桥原理电路

当电桥工作时，适当选择几个桥臂的电阻，可以使 c 和 d 两点的电位相等，这时电桥达到平衡，即，$U_c = U_d$。此时检流计 G 中无电流通过，其指示为零。

由于 c、d 两点的电位相等，所以有

$$U_{ac} = U_{ad}\ ,\ U_{cb} = U_{db} \tag{3-1}$$

即，$R_1I_1 = R_4I_4$，$R_2I_2 = R_3I_3$，两式相除得 $\dfrac{R_1I_1}{R_2I_2} = \dfrac{R_4I_4}{R_3I_3}$。又因电桥平衡时：$I_G = 0$，所以

$$I_1 = I_2,I_3 = I_4 \tag{3-2}$$

$$\frac{R_1}{R_2} = \frac{R_4}{R_3} \text{或} R_1R_3 = R_2R_4 \tag{3-3}$$

式(3-2)和式(3-3)是电桥平衡的条件。根据这一条件，如果把被测电阻 R_X 接于 ac 桥臂上，而其余三个桥臂接标准电阻或可调标准电阻，则有

$$R_X = \frac{R_2}{R_3}R_4 \tag{3-4}$$

即通过电桥，可以把被测电阻 R_X 与标准电阻进行比较，从而实现测量 R_X 电阻的目的。

通常把接入 R_2 和 R_3 的桥臂称为比例臂，接入 R_4 的桥臂称为比较臂。这样调节电桥平衡时比较臂数值乘以比例臂的比例，就得到被测电阻的阻值。

为确保直流单臂电桥有较高的准确度和灵敏度，只要比例臂（$\dfrac{R_2}{R_3}$）、比较臂（R_4）的电阻值准确度足够高（标准电阻 R_2、R_3 和 R_4 的准确度可达到10^{-3}以上），及电桥指零仪采用高灵敏度的检流计（确保电桥的平衡条件），这样才能保证测量精度。

实训实施

一、QJ23 型直流单臂电桥的使用

直流单臂电桥的使用

1. 确定所需要的检流计及电源

图 3-1-2 为 QJ23 型直流单臂电桥面板图。

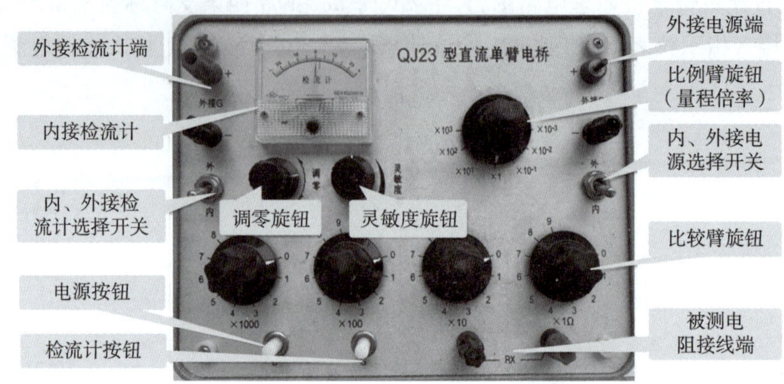

图 3-1-2　QJ23 型直流单臂电桥面板

当需用外接检流计时，应适当选择其灵敏度。若灵敏度太高，则电桥难以平衡；太低则达不到应有的测量准确度。一般使得电桥在比较臂最低挡时，外附检流计指示有明显变化即可。若使用内接检流计，应检查外接检流计接线柱是否正确短路好，测试前应将电桥水平放稳，调节检流表指针和零线重合（本实训使用内接检流计）。

当需外接电源时，电源的正负极应与面板上标有“+”“-”的接线端钮分别连接。

2. 将被测电阻接到电桥面板上标有“RX”的两个接线端钮上

若被测电阻 R_X 不能直接接到电桥“RX”端子时，可用粗短导线牢固连接，以减小其接触电阻。

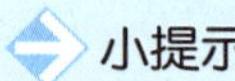小提示

在测试过程中决不允许接线松脱，以免因接触不好使电桥极端不平衡而导致检流计过电流损坏。

3. 选定比例臂

测量前应先估计电阻值的大小（先用万用表欧姆挡粗测），以便适当选择比例臂倍率挡。选择倍率挡的原则是尽量使比较臂可调电阻的各挡得到充分的应用，以提高读数的准确度。比例臂挡位的选定可参考表 3-1-1。

表 3-1-1　倍率选择

测量范围（Ω）	R_X 阻值级别	比例臂挡位	说明
1～9.999	几欧	1×10^{-3}	当 R_X 小于几千欧级时
10～99.99	几十欧	1×10^{-2}	
100～999.9	几百欧	1×10^{-1}	
1 000～9 999	几千欧	1	以此挡为参考基准
10^4～99 990	几十千欧	1×10^{1}	当 R_X 大于几千欧级时
10^5～999 900	几百千欧	1×10^{2}	
10^6～9 999 000	几千千欧	1×10^{3}	

小提示

例如：预知某被测电阻 R_X 约为 $1.5\times10^2\ \Omega$，则将比例臂比例选为 0.1，比较臂电阻预置 1 500 Ω，然后开始调电桥平衡（这样做，也避免了远离平衡位置调整电桥各桥臂电阻使检流计电流过大而损坏）。假设电桥平衡时比较臂电阻为 1 571 Ω，则 $R_X = 1\,571\times0.1 = 157.1\ \Omega$。

4. 调试

测量时，按下电源按钮“B”，以接通电源。再断续按下检流计按钮“G”，观察检流计指针的偏转情况，松开检流计按钮。根据指针的偏转情况，调节比较臂的标准电阻。一般情况下，指针向“+”方向偏转，须增大比较臂阻值，反之则减小比较臂阻值。如此反复进行，直至检流计指示为零。

需要注意的是，调节过程中不能将检流计按钮锁住，只有当检流计指示已接近零值时才能将该按钮锁住。

为保证测量准确度，读数应在灵敏度最大时，比较臂有效位应得到充分利用。

被测电阻按式(3-5)计算

$$被测电阻值 = 比例臂读数 \times 比较臂读数 \tag{3-5}$$

5. 测量完毕后的操作

应先松开检流计按钮“G”，再放开电源按钮“B”，特别是当被测元件中含有电感量时，更应遵守这一顺序。否则，因电感断开时产生较大的感应电动势会使检流计损坏。

小提示

操作时注意用电安全。每次使用完直流单臂电桥后要将“电源”“检流计”选择开关挡位置于“外”位置，取出内部电池，收拾实训器材、仪表归位。

二、记录实训测量数据

(1)将电阻器箱调至 100 Ω，然后用直流单臂电桥测该电阻，将测量结果与已知值进行比较。

(2)用直流单臂电桥测量 6 个电阻阻值，并将测得的结果填入表 3-1-2 中。

表 3-1-2　直流单臂电桥测量数据

标称电阻(Ω)	万用表粗测(Ω)	直流单臂电桥测量		
		比例臂比例	比较臂读数	实测结果(Ω)
30				
510				
10 k				
100 k				
未知				
未知				

实训成绩评定(表 3-1-3)

表 3-1-3　直流单臂电桥使用的成绩评定标准

考核要求	熟练使用仪表,并能独立完成参数测量	熟练使用仪表,并能小组合作完成参数测量	基本掌握使用仪表,配合小组成员完成参数测量	基本掌握使用仪表,但无法掌握参数测量方法	无法掌握本实训内容或误操作损坏实训设备
评分标准	A^+	A	B^+	B	C
实操得分					

实训报告

1. 简述直流单臂电桥的结构区别、使用方法。
2. 总结直流单臂电桥的测量操作步骤及注意事项。
3. 记录实验数据。
4. 其他(包括实验的心得、体会等)。

实训二　直流双臂电桥的使用

实训目标

1. 了解直流双臂电桥的性能、结构。
2. 掌握直流双臂电桥的测量原理。
3. 熟练掌握用直流双臂电桥测量小电阻的测量方法。

实训内容

学习直流双臂电桥测量操作方法,并能使用仪表测量小电阻参数。

实训工具、仪表和仪器

1. 仪表:QJ42 型直流双臂电桥
2. 外附分流器、连接导线若干(根据实际情况准备)

相关知识

一、直流双臂电桥

直流双臂电桥又称凯尔文电桥,它是一种用来测量$10^{-5}\sim1\ \Omega$之间小电阻的比较类仪器。在电气工程中,常常要测量小电阻的阻值,如测量金属的导电率、分流器的电阻值,电机或变压器绕组的电阻值及一切低阻值线圈的电阻值等。

由于小电阻本身的阻值很小,测量时连接电阻及接触电阻对测量的影响较大,如果使用单臂电

桥，其测量结果的误差将达到不能容许的程度。因此，测量小电阻时，必须设法消除或减小连接电阻和接触电阻对测量结果的影响，直流双臂电桥就是从这一点出发而设计制造的。

二、直流双臂电桥的工作原理

图 3-2-1 为直流双臂电桥的工作原理。被测小值电阻 R_X 和比较臂小值电阻 R_n，都使用了两种接头（四端钮）：电位接头 P_1 和 P_2；电流接头 C_1 和 C_2。R_X 及 R_n 的值是两个电位接头 P_1 和 P_2 间的值。比例臂有两个：R_1 与 R_2、R_1' 与 R_2'，它们各自的电阻值均为中值电阻，电位接头的接触电阻和其接线电阻对它们而言可忽略不计。

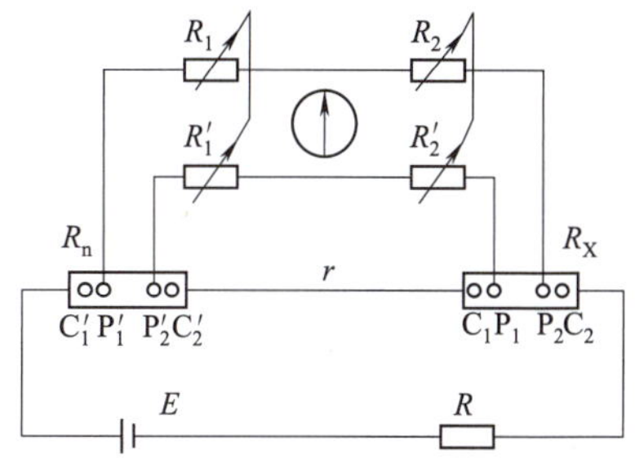

图 3-2-1　直流双臂电桥的工作原理

电桥平衡时（检流计指零时）有

$$R_X = \frac{R_2}{R_1}R_n + \frac{rR_2}{r + R_1' + R_2'} \times \left(\frac{R_1'}{R_1} - \frac{R_2'}{R_2}\right)$$

$$\text{因为}\frac{R_1'}{R_1} = \frac{R_2'}{R_2}\text{，所以 } R_X = \frac{R_2}{R_1}R_n \qquad (3\text{-}6)$$

式中，r 很小（连接 R_X 与 R_n 的粗连线），即被测电阻 R_X 只取决于比例臂 R_1 与 R_2 的比值和比较臂标准电阻 R_n 的阻值，而与 r、R'_1 与 R'_2 无关。

实训实施

一、QJ42 型直流双臂电桥的使用

直流双臂电桥的使用

图 3-2-2 为 QJ42 型直流双臂电桥的面板，其测量范围为 $10^{-4} \sim 11\ \Omega$，准确度等级为 0.2 级。

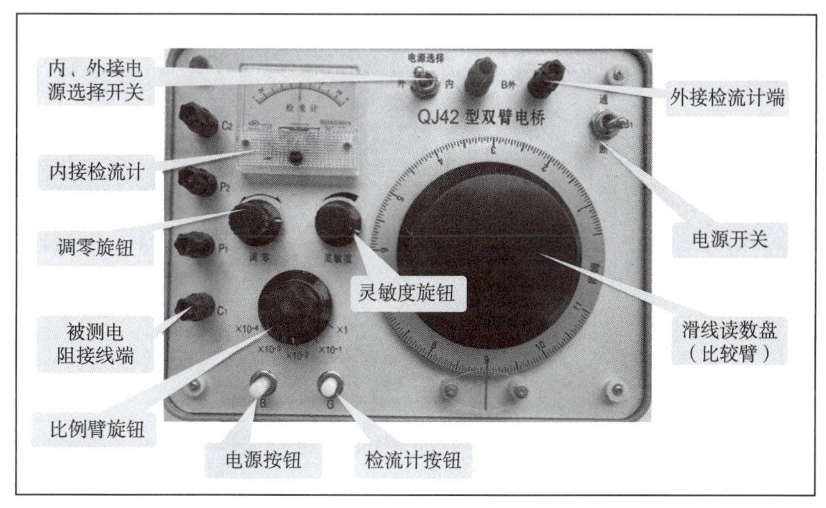

图 3-2-2　QJ42 型直流双臂电桥面板

直流双臂电桥的操作方法与直流单臂电桥基本相同。

1. 安装电池

在电池盒内并联装入 4～6 节 1.5 V 的 1 号电池，或用 2 节 9 V 电池并联使用。此时电桥就正常工作。如用外接直流电源1.5～2 V时，盒内电池应先全部取出。

2. 把被测电阻接到电桥面板上标有"C_1、P_1、P_2、C_2"的四个接线端钮上

(1)"B_1"电源开关扳到"通"挡，等稳定后(约5 min)，调节检流计"调零"旋钮，使检流计指针在零位。

(2)"灵敏度"旋钮应放在最低挡(逆时针旋转到底)。

(3)将被测电阻 R_X 按四端连接法，接在电桥相应的"C_1、P_1、P_2、C_2"的接线端钮上，如图3-2-3所示。

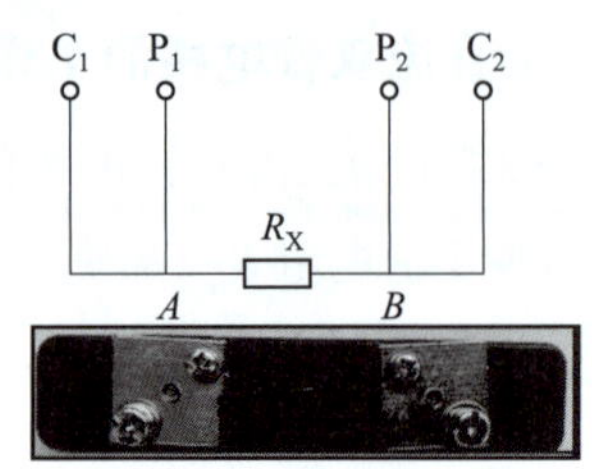

图3-2-3　被测电阻 R_X

(外附分流器的四端接法)

3. 测量调试

(1)估计被测电阻值大小，选择适当比例臂位置，先按"B"按钮，再按"G"按钮，调节滑线读数盘，使检流计指在零位置上。如发现检流计灵敏度偏低，应增加其灵敏度，每移动滑线读数盘4小格，检流计指针偏离零位约1格，就能满足测量要求。

(2)在改变灵敏度时，会引起检流计指针偏离零位，在测量时随时都可以调节检流计零位。为保证测量准确度，应在灵敏度最大时读数。

被测电阻值为

$$被测电阻值 = 比例臂读数 \times 滑线读数盘读数 \tag{3-7}$$

小提示

(1)在测量电感电路的直流电阻时，应先按下"B"按钮，再按"G"按钮。断开时，应先断开"G"按钮，再断开"B"按钮。

(2)测量0.1 Ω以下阻值时，"B"按钮应间歇使用。

(3)在测量0.1 Ω以下阻值时，"C_1、P_1、P_2、C_2"接线柱到被测电阻 R_X 之间的连接导线电阻应为0.005～0.01 Ω，测量其他阻值时所连接导线电阻不大于0.01 Ω。

(4)电桥使用完毕后，"B"与"G"按钮应松开。"B_1"电源开关应扳向"断"挡，避免浪费电池电量。

(5)如电桥长期搁置不用，应将电池取出。操作时注意用电安全。

(6)被测电阻 R_X 范围与比例位置选择见表3-2-1。

表3-2-1　比例选择

比例	被测电阻范围(Ω)
$\times 1$	1.1～11
$\times 10^{-1}$	0.11～1.1
$\times 10^{-2}$	0.011～0.11
$\times 10^{-3}$	0.001 1～0.011
$\times 10^{-4}$	0.000 11～0.001 1

4. 整理归位

将测量结果记下，每次使用完直流双臂电桥后取出内部电池，收拾实训器材、仪表归位。

二、记录实训测量数据

用直流双臂电桥测分流器和导线的电阻值，将测量结果记入在表 3-2-2 中。

表 3-2-2　直流双臂电桥测量数据

被测物	直流双臂电桥		实测结果(Ω)
	比例臂比例	滑线读数盘读数	
外附分流器正确接法			
外附分流器错误接法			
导线			

实训成绩评定(表 3-2-3)

表 3-2-3　直流双臂电桥使用的成绩评定标准

考核要求	熟练使用仪表，并能独立完成参数测量	熟练使用仪表，并能小组合作完成参数测量	基本掌握使用仪表，配合小组成员完成参数测量	基本掌握使用仪表，但无法掌握参数测量方法	无法掌握本实训内容或误操作损坏实训设备
评分标准	A+	A	B+	B	C
实操得分					

实训报告

1. 简述直流双臂电桥结构区别、使用方法。
2. 总结直流双臂电桥的测量操作步骤及注意事项。
3. 记录实验数据。
4. 其他(包括实验的心得、体会等)。

实训三　兆欧表的使用

实训目标

1. 了解指针式兆欧表和数字式兆欧表的性能、结构。
2. 掌握指针式兆欧表和数字式兆欧表的测量原理。
3. 熟练掌握用指针式兆欧表和数字式兆欧表测量绝缘电阻的测量方法。

实训内容

学习指针式兆欧表和数字式兆欧表测量操作方法，并能使用仪表测量绝缘电阻参数。

实训工具、仪表和仪器

1. 仪表:ZC25-3 型兆欧表、UT501A 型数字兆欧表
2. 自耦变压器、安全变压器、连接导线若干(根据实际情况准备)

相关知识

兆欧表是用于测量各种电气设备绝缘电阻仪表,也被称为摇表、绝缘电阻表或绝缘电阻测量仪。目前大多数兆欧表都采用磁电系比率表的结构,也有采用其他结构形式的兆欧表。这里主要介绍磁电系比率表结构的兆欧表和数字式兆欧表。

一、ZC25-3 型兆欧表

(一)ZC25-3 型兆欧表的结构和工作原理

1. 结构

兆欧表的基本结构是由一台手摇发电机(直流电源)和一只磁电系比率表及测量线路组成的。

手摇发电机(直流、或交流与整流电路配合的装置)的容量很小,而输出电压很高。兆欧表分类就是以发电机能发出的最高电压来划分的,一般有 500 V、1 kV、2. 5 kV、5 kV 等。电压越高,能测量的绝缘电阻阻值就越大。图 3-3-1 是兆欧表实物图,图 3-3-2 为磁电系比率表结构示意图。

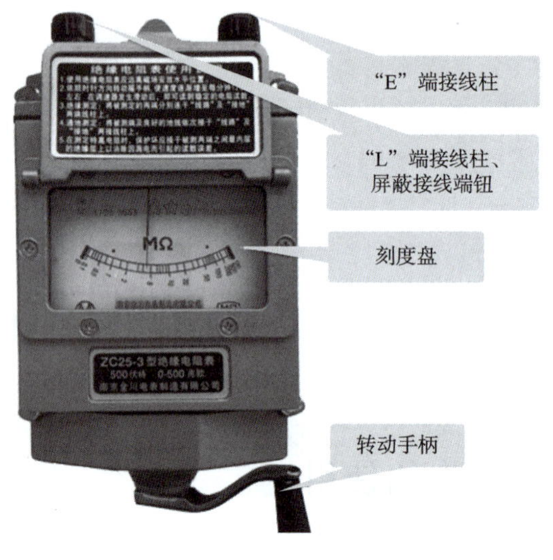

图 3-3-1 ZC25-3 型兆欧表实物

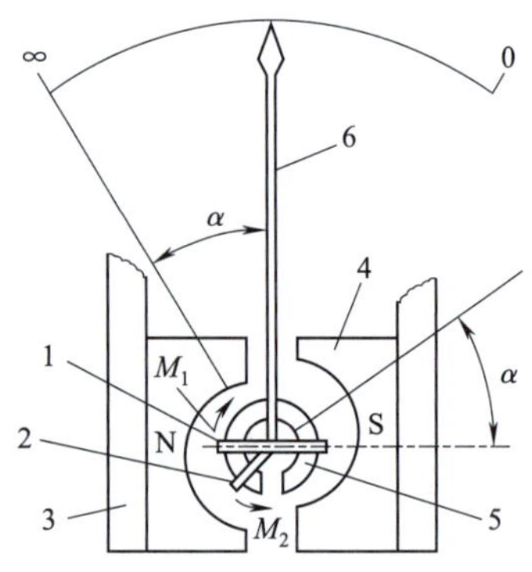

图 3-3-2 磁电系比率表结构示意

1、2—动线圈;3—永久磁铁;4—极掌;5—带缺口的圆柱形铁芯;6—指针

磁电系比率表的结构是一种特殊形式的磁电系测量机构,它的形式有几种,但基本结构和工作原理都是一样的。图 3-3-2 为磁电系比率表的基本结构,它有两个动圈,但没有产生反抗力矩的游丝。动圈的电流是通过导丝引入的。两个动圈彼此间成一角度 α,并连同指针固定于同一转轴上。测量时,两个动圈中的电流相反。

2. 工作原理

兆欧表的原理电路如图 3-3-3 所示,虚线框内表示兆欧表的内部电路,被测绝缘电阻 R_X 接于兆

欧表线路“L”和地线“E”端钮之间。此外，在线路“L”端钮的外圈上还有一个铜质圆环（图中虚线圆）称为保护环，又称为屏蔽接线端钮，它直接与发电机负极相接。

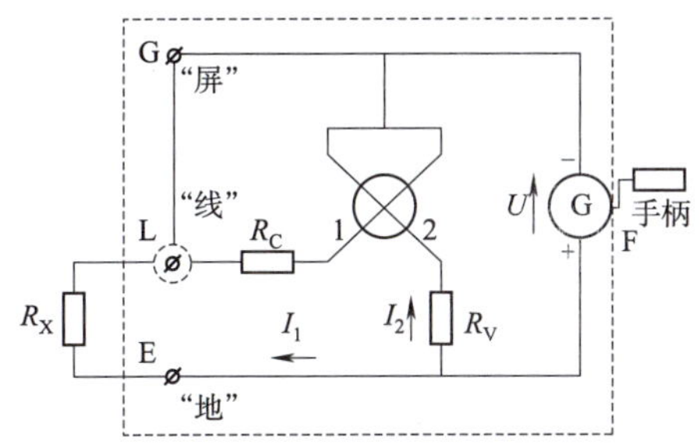

图 3-3-3　ZC25-3 兆欧表的原理电路图

1、2—动圈；F—发电机；R_C、R_V—附加电阻；R_X—待测绝缘电阻

由图 3-3-3 可以看出，动圈 1、内附电阻 R_C 与被测电阻 R_X 串联组成一支路；动圈 2 和内附电阻 R_V 串联，两支路都连接到同一手摇发电机 F 的两端，承受相同的电压 U。此时有

$$I_1 = \frac{U}{R_1 + R_C + R_X} \text{和} I_2 = \frac{U}{R_2 + R_V} \tag{3-8}$$

式中　R_1、R_2——动圈 1、2 的电阻。

两个动圈电流的引入方向应当这样选择，它们相互作用所产生的力矩 M_1 与 M_2 的方向刚好相反。若把 M_1 看作是转动力矩，那么 M_2 就是反抗力矩。显然，这种仪表的反抗力矩也是由电磁力产生的。

兆欧表测量范围为 0 ~ ∞，但实际上是不可能的。兆欧表标度尺上只有部分刻度能反映较为准确的读数，如 0 ~ 50 MΩ、0 ~ 100 MΩ 或 0 ~ 1 000 MΩ。另外，由于兆欧表没有产生反作用力矩的游丝，所以使用前其指针可以停留在标度尺的任意位置上。

兆欧表中的手摇发电机发出的电压是不稳定的，它与手摇速度有关。但磁电系兆欧表的特点是它的指针偏转角只与两个动圈电流之比有关，而与发电机输出电压无关。也即，当发电机电压发生变化时，虽然动圈 1 和 2 中的电流都要发生变化，但它们的比率却总是不变的，指针相应的偏转角也保持不变。但需要注意的是，若电压太低，将引起两个动圈的力矩都减小。此时由于“导丝”或多或少有一点弹性力矩，这一力矩将对可动部分的平衡产生影响，使测量结果的误差增大。同时在电压太低的情况下测量出的绝缘电阻也不能作为在规定电压值下的绝缘电阻。因此使用兆欧表时，发电机转速不宜太慢或太快，一般以达 120 r/min 为宜。有些兆欧表内部装有手摇发电机的离心调速装置，使转子以恒定速度转动，以保持其输出电压稳定。

（二）ZC25-3 型兆欧表的选择

用兆欧表测量绝缘电阻，看起来很简单，但实际上如果接线或操作不正确，将会直接影响测量结果，甚至危及人身安全。所以使用兆欧表时，一定要注意正确接线和操作。兆欧表的选用原则如下：

1. 额定电压等级的选择

一般情况下，额定电压在 500 V 以下的设备，应选用 500 V 或 1 000 V 的兆欧表；额定电压在 500 V 以上的设备，选用 1 000 ~ 2 500 V 的兆欧表。

2. 电阻量程范围的选择

兆欧表的表盘刻度线上有两个小黑点，小黑点之间的区域为准确测量区域。所以在选表时应根据测量要求选择兆欧表量程,如测量要求绝缘电阻在 50 MΩ 以上时选用 500 MΩ 的仪表即可,尽量使被测设备的绝缘电阻值在准确测量区域内。

二、UT501A 型数字兆欧表

UT501A 型数字兆欧表采用大规模集成电路和数字电路相结合,能完成绝缘电阻、交流电压的参数测量,操作方便可靠。适用于测量变压器、电机、电缆、开关、电器等各种电气设备及绝缘材料的绝缘电阻。

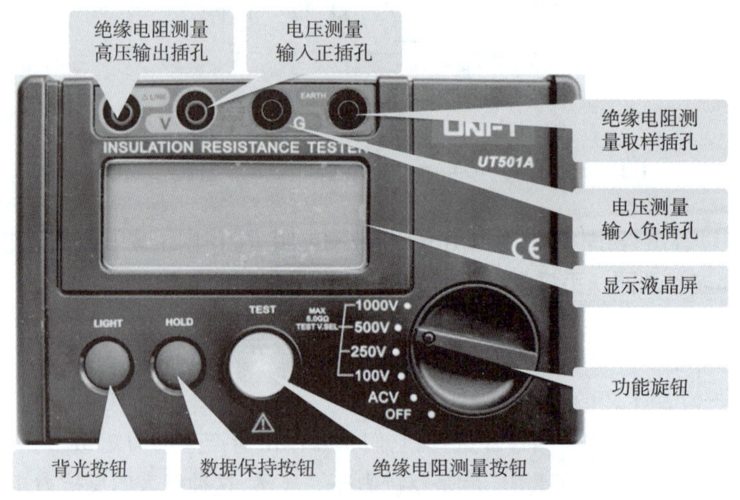

图 3-3-4 UT501A 型数字兆欧表面板结构

图 3-3-4 为 UT501A 型数字兆欧表面板结构图,包括显示液晶屏、功能旋钮、绝缘电阻测量按钮、数据保持按钮、背光按钮、电压测量输入正(负)插孔、绝缘电阻测量插孔及红(黑)测量线一对。

显示液晶屏最大显示值为 1 999,当绝缘电阻测量超出范围(5. 5 GΩ)时,会用超限指示“OLV”。

实训实施

兆欧表的使用

一、ZC25-3 型兆欧表的使用

1. 测量前的准备

(1)被测设备接地短路放电

测量前必须切断被测设备的电源,并接地短路放电,以排除断电后其电感及电容带电的可能性。

> 小提示
>
> 例如,测量运行中电动机绝缘电阻的准备:
>
> (1)停电,挂“有人工作,禁止合闸”标示牌;
>
> (2)验电,对于大容量的电动机,要放电后才能验电;
>
> (3)拆电流线和端子短接片;
>
> (4)测量电动机的各绕组间绝缘电阻及各绕组对地绝缘电阻。

(2)被测物的表面应擦拭干净

测电力设备的绝缘电阻,目的在于了解电气设备内部的绝缘性能。而表面绝缘随着各种外界影响而变动，为了消除这种影响，最简单的方法是把被测物体用表面干净的布或棉纱擦拭干净。

（3）检查兆欧表

①测试前，应将兆欧表放置在平稳的地方，有水平调节的兆欧表应调整好表本身的水平位置，这样可以避免摇动发电机手柄时因表身摇动而影响读数。

②测试前，应对兆欧表进行开路、短路试验检查：先将“L”和“E”两个端钮开路，摇动手柄，使发电机转速达到额定值（120 r/min），此时指针应在“∞”（有的兆欧表上有“无穷大”调节器，若发电机达到额定转速时指针不指“∞”处，可以转动调节器使指针指在“∞”处）。然后把“L”和“E”两个端钮短接，缓慢摇动手柄，指针应指在“0”刻度处。若经上述检查，指针不能在“∞”或“0”刻度，则说明该表有故障，须进行检修后才能使用。

2. 测量过程

（1）正确接线

兆欧表与被测绝缘电阻之间连接导线应选用彼此间绝缘良好的单股导线。一般兆欧表上有三个接线柱，进行一般测试时，将被测绝缘电阻接到“L”和“E”两个接线端钮上；若被测对象为线路的绝缘电阻时，应将被测端接到“L”接线端钮，而“E”端钮接地，如图 3-3-5 所示。

当被测物表面的影响比较显著而又不易除去时（如潮湿等），须接“保护”进行测量。例如，测量电缆芯线与外皮之间的绝缘电阻时，则应采用图 3-3-6 所示的接线方式。接线时应选用单股导线分别单独连接“L 和 E（或 G）”，不能用双股导线或绞线，否则会因线间的绝缘电阻影响测量结果。

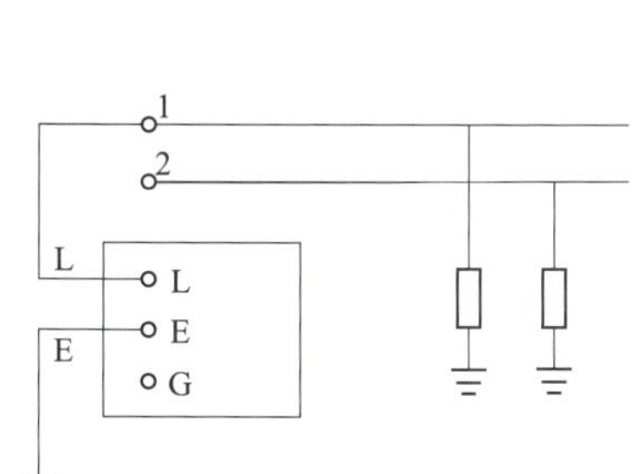

图 3-3-5　测量线路绝缘电阻的接线

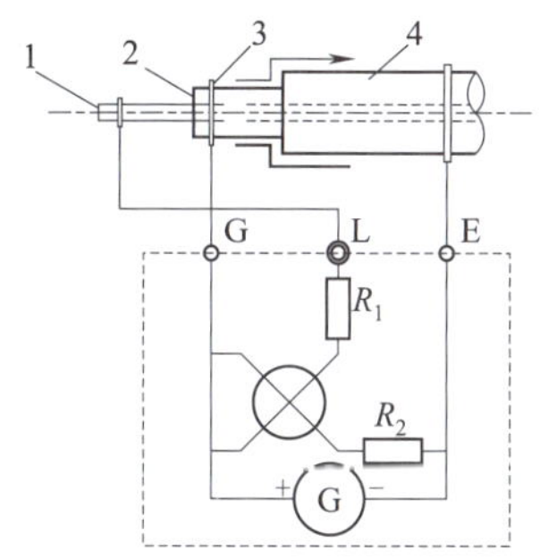

图 3-3-6　测量电缆绝缘电阻的接线

1—芯线；2—绝缘；3—保护环；4—电缆外皮

（2）正确测量

测量绝缘电阻时，发电机的手柄应由慢渐快地摇动，若发现指针指零，则说明被测绝缘物体有短路现象，应停止摇动手柄；若指针指示正常，应使发电机转速稳定在规定的范围内[一般规定为120（1 ± ×20%）r/min]，切忌忽快忽慢而使指针摆动加大误差。读数时，一般采用1 min以后的读数为准，若遇电容较大的被测物时，可等指针稳定不变时再读数。

（3）常用被测量线路、设备的绝缘电阻要求

①低压电动机绕组的绝缘电阻不低于 0.5 MΩ；

②电流互感器绝缘电阻不应低于 10 ~ 20 MΩ；

③变压器的绝缘电阻不低于初次值的 50%；

④新装和大修后的低压电力和照明线路，绝缘电阻值不低于 0.5 MΩ；

⑤配电盘的二次线路，绝缘电阻不应低于 1 MΩ，潮湿的环境可降为 0.5 MΩ。

(4)测量结束

测量结束后,当兆欧表没有停止转动或被测物没有放电以前,不可以用手去触及被测物测量部分和进行拆线工作。特别是测量完大电容电气设备时,必须先将被测物对地短路放电后,再停止手柄的转动。这主要是防止电容器放电使兆欧表损坏。

小提示

(1)禁止在雷电时或高压设备附近测绝缘电阻,只能在设备不带电,也没有感应电的情况下测量。

(2)测量过程中,被测设备上不能有人工作;兆欧表线不能绞在一起,要分开;要定期校验其准确度。

(3)兆欧表使用中要注意安全,测量过程中,禁止人手接触兆欧表线金属接口,以免触电。

(4)在完成所有的测量操作后,要断开测试线与被测电路的连接,并从仪器输入端拿掉测试线,收拾实训器材、仪表归位。

二、UT501A 型数字兆欧表的使用

1. 测量绝缘电阻

(1)按功能旋钮选择测量电压 100 V/250 V/500 V/1 000 V 中之一。

①在测量绝缘电阻前,待测电路必须完全放电,并且与电源电路完全隔离。

②将红测量线插入“LINE”绝缘电阻测量高压输出插孔端口,黑测量线插入“EARTH”绝缘电阻测量取样插孔端口。

③将红、黑测量线接入被测电路,正极电压是从“LINE”端输出的。

(2)连续测量

功能旋钮选择好测量电压等级后,按下“TEST”绝缘电阻测量按钮后,此键自锁进行连续测量,输出绝缘电阻测量电压,同时测量灯发出红色警告。在测量完毕后,按下“TEST”键,解除自锁停止测量。

小提示

(1)在测量前,确定待测电路没有电源存在,请勿测量带电设备或带电线路的电缆。

(2)测量绝缘电阻时,请将两条测量线严格分开放置,勿将其绞放在一起。

(3)请勿在高压输出状态短路两条测量线和高压输出之后再去测量绝缘电阻。

(4)测试完毕后,勿用手触摸电路,此时电路可能有存储了电的电容会引起电击。

(5)测量线离开连接的电路,不能用手触摸,直到测量电压被完全释放。

(6)如果电池盖被打开,请不要进行测量。

2. 测量交流电压

(1)将红测量线插入“V”电压测量输入正插孔,黑测量线插入“G”电压测量输入负插孔。

(2)将功能旋钮指向“ACV”处进行交流电压的测量。

小提示

(1)请不要输入高于交流750 V的电压,显示更高的电压是有可能的,但有损坏仪器或被电击的危险。

(2)在完成所有的测量操作后,要断开测量线与被测电路的连接,并从仪器输入端拿掉测量线,收拾实训器材、仪表归位。

(3)如果电池盖被打开,请不要进行测量。

三、记录实训测量数据

1. 掌握本实训中所介绍的ZC25-3型兆欧表、UT501A型数字兆欧表的结构和使用方法。

2. 用ZC25-3型兆欧表、UT501A型数字兆欧表分别测量变压器高压线圈对低压线圈绝缘电阻,以及高压线圈和低压线圈分别对机壳的绝缘电阻,并将测量结果记入在表3-3-1中。

表3-3-1　绝缘电阻的测量数据

被测绝缘电阻	高压线圈对低压线圈		高压线圈对机壳		低压线圈对机壳	
	指针式兆欧表测量	数字式兆欧表测量	指针式兆欧表测量	数字式兆欧表测量	指针式兆欧表测量	数字式兆欧表测量
自耦变压器测量结果(MΩ)	/	/				
隔离(安全)变压器测量结果(MΩ)						

实训成绩评定(表3-3-2)

表3-3-2　两种兆欧表使用的成绩评定标准

考核要求	熟练使用两种仪表,并能独立完成参数测量	熟练使用两种仪表,并能小组合作完成参数测量	基本掌握使用两种仪表,配合小组成员完成参数测量	基本掌握使用两种仪表,但无法掌握参数测量方法	无法掌握本实训内容或误操作损坏实训设备
评分标准	A^+	A	B^+	B	C
实操得分					

实训报告

1. 简述ZC25－3型兆欧表、UT501A型数字兆欧表的测量方法。
2. 总结用ZC25－3型兆欧表、UT501A型数字兆欧表测量操作步骤及注意事项。
3. 记录实验数据。
4. 其他(包括实验的心得、体会及意见等)。

实训四　接地电阻测试仪的使用

实训目标

1. 了解指针式接地电阻测试仪和数字式接地电阻测试仪的性能、结构。
2. 掌握指针式接地电阻测试仪和数字式接地电阻测试仪的测量原理。
3. 熟练掌握用指针式接地电阻测试仪和数字式接地电阻测试仪测量接地电阻的测量方法。

实训内容

学习指针式接地电阻测试仪和数字式接地电阻测试仪测量操作方法，并能使用仪表测量接地电阻参数。

实训工具、仪表和仪器

1. 仪表：ZC298-2 型指针式接地电阻测试仪、UT521 型数字式接地电阻测试仪
2. 模拟接地电阻、辅助探测针、导线管一套

接地电阻测试仪的使用

相关知识

一、ZC298-2 型指针式接地电阻测试仪

接地电阻测试仪俗称“接地摇表”，是专用于直接测量接地电阻的指示仪表。

（一）ZC298-2 型指针式接地电阻测试仪的面板结构

如图 3-4-1 所示为 ZC298-2 型指针式接地电阻测试仪的面板。

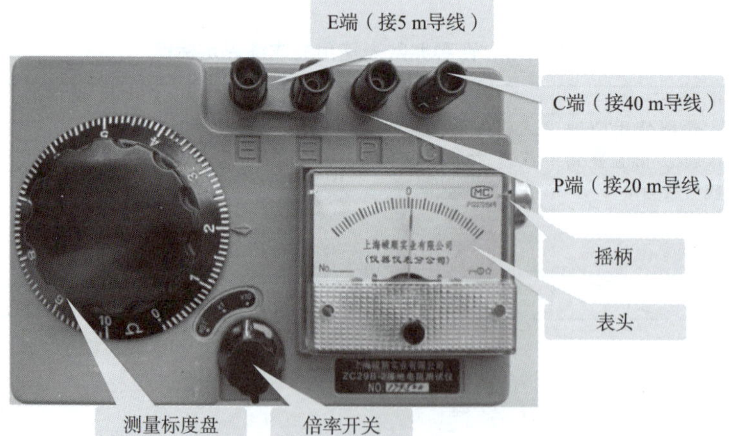

图 3-4-1　ZC298-2 型接地电阻测试仪面板结构

ZC298-2 型指针式接地电阻测试仪主要是由手摇交流发电机、电流互感器、滑线电阻（调节电位器），以及检流计等构成的。仪表的附件有两根接地探测针、三根导线（长为 5 m 的一根用于接地极，20 m 的一根用于电位探测针、40 m 的一根用于电流探测针）。

ZC298-2 型指针式接地电阻测试仪有三个端钮(E、P、C),其中 E 为接地电极,P 与 C 分别为电位和电流辅助电极。被测的接地电阻 R_X 接在 E 与 P 之间,而不包括辅助电极 C 的电阻 R_C 。

(二)ZC298-2 型指针式接地电阻测试仪的工作原理

如图 3-4-2 所示为测量接地电阻的原理线路,其工作原理就是电位差计原理,当手摇发电机的摇柄以 120 r/min 的速度转动时,便产生 90 ~ 98 周/s 的交流电流,电流经电流互感器一次绕组、接地极(E)、大地和辅助电极(C)构成一个闭合回路。电流互感器感应产生二次电流,检流计指针偏转,借助调节电位器使检流计达到平衡。

电流 I 在接地电阻 R_X 上形成的压降为 IR_X ,电压降 IR_X 的电位分布曲线在 E 电极附近急骤下降。电流 I 流经辅助电极 C 时同样形成一个电压降 IR_C ,其电位分布曲线在 C 极附近急骤下降。电位分布曲线如图 3-4-3 所示。

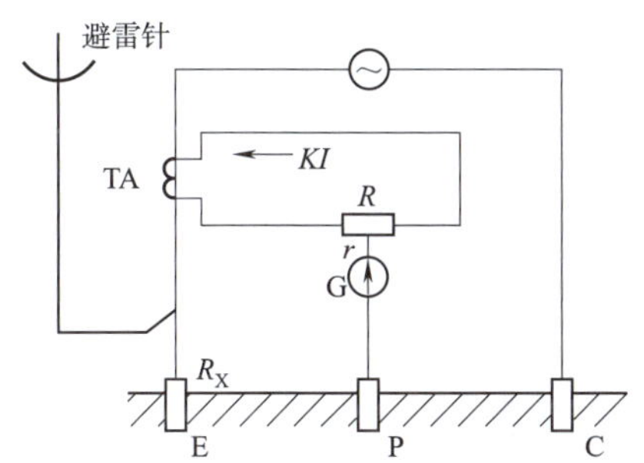

图 3-4-2　测量接地电阻原理线路

TA—电流互感器;R—补偿电阻;G—指零仪;
E—接地电极;C、P—辅助电流、电位、电极

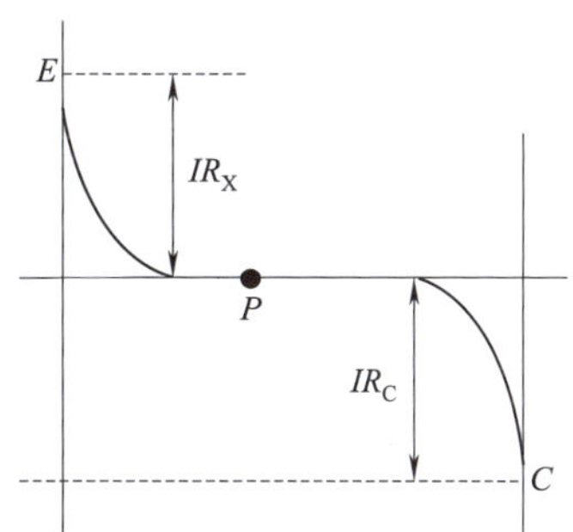

图 3-4-3　电位曲线分布

电位曲线分布说明:从接地电极 E 中流出的电流是向四周散流的,在土壤电阻率均匀的情况下,随着离开接地电极 E 距离的增加,电流密度将按指数规律减小,经过一定距离 EP 后,电流小到近似为零值,所以出现零电位区。可见,接地电极 E 与零电位区中点间的电位差可认为是形成接地电极 E 的接地电阻上的电压降。

电流互感的二次绕组电流为 KI ,其中 K 为电流互感器的变比。二次绕组电流流经电位器时的压降为 $KI \cdot R'$,检流计测量的电压是 $KI \cdot R'$ 与 IR_X 压降之差。如果检流计指示为零,则 $IR_X = KI \cdot R'$, $R_X = K \cdot R'$ 。可见,被测的接地电阻 R_X 的值,可由变比 K 和电位器 R' 所决定,而与辅助极的电阻 R_C 无关。

二、UT521 型数字式接地电阻测试仪

(一)UT521 型数字式接地电阻测试仪的结构介绍

本仪表具有高精度和高可靠性,可用于测量各种电力设施配线、电气设备、防雷设备等接地装置的接地电阻,还可以进行接地电压测量。(注意:不适合在室外恶劣环境条件下使用,如下雨、雷电等)

图 3-4-4 为 UT521 型数字式接地电阻测试仪的面板结构,图 3-4-5 为 UT521 型数字式接地电阻测试仪配套测量线说明,包括 LCD 显示屏、测量接线端口、功能选择开关、测量按键及一套测量线。

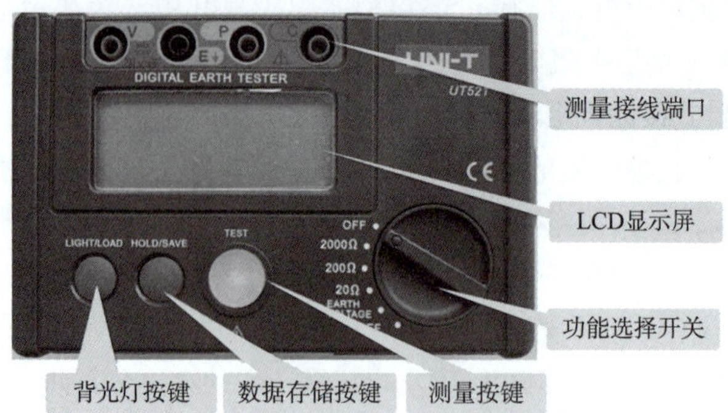

图 3-4-4　UT521 型数字式接地电阻测试仪的面板结构

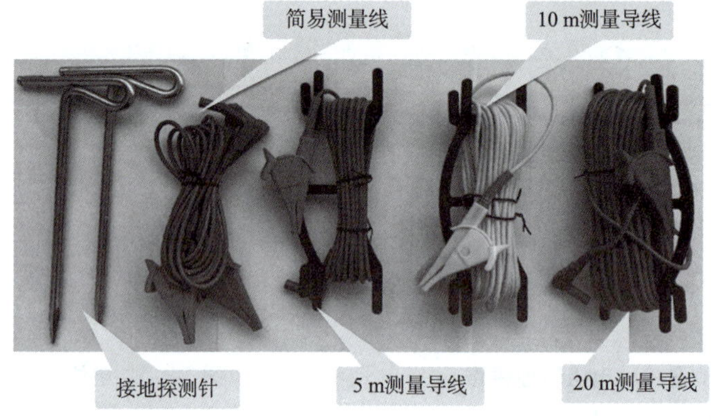

图 3-4-5　UT521 型数字式接地电阻测试仪配套测试线说明

实训实施

一、ZC298-2 型指针式接地电阻测试仪的使用

1. 测量前接线准备工作

首先将两根探测针分别插入地中，使被测的接地极 E、电位探测针 P 和电流探测针 C 三点成一直线，E 至 P 的距离为 20 m 左右，E 至 C 的距离为 40 m 左右，然后用专用导线分别将 E、P 和 C 接到仪表相应的端子上，如图 3-4-6所示。

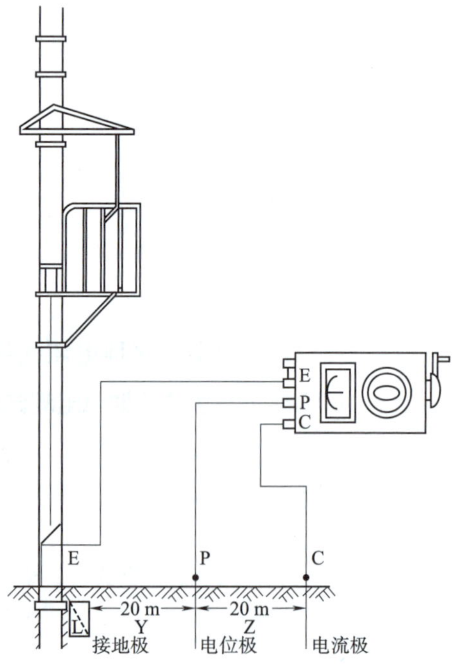

图 3-4-6　接地探测针埋设示意

说明：如果接地体周围全部是水泥地面，没法找到打辅助电极的位置，这时可以用大于 $25 \times 25\ \text{cm}^2$ 的铁板作为辅助电极平铺在水泥地面上，然后在铁板下面倒些水，以减少接触电阻。两块铁板的布放位置与辅助接地极的要求相同。采用这种方法测量对测试结果没有明显的影响，因为根据前面所述的测量原理，辅助电压极与辅助电流极与大地之间的接触电阻的大小并不影响接地电阻的

测量。

2. 调零

将仪表置于水平，检查仪表检流计指针是否指零位，若不为零应调节检流计至机械零位。

3. 具体测量操作

(1)测量时将仪表的倍率开关标度置于最大倍数，慢慢转动发电机的摇柄，同时旋转“测量标度盘”使检流计指针平衡。当指针接近黑线(零位)时，加快发电机摇把的转速，达到120 r/min以上，再调整“测量标度盘”，使指针指于黑线。

(2)如果“测量标度盘”的读数小于1时，应将“倍率开关”置于较小倍数，再重新调整转动摇把调整“测量标度盘”。

(3)当指针完全平衡在黑线上以后，用“测量标度盘”的读数乘以倍率标度，即为所测量的接地电阻值

$$被测电阻值(\Omega)=测量盘指数\times倍率盘指数 \tag{3-8}$$

(4)在完成所有的测量操作后，要断开测量线与被测电路的连接，并从仪器输入端拿掉测量线，收拾实训器材、仪表归位。

4. 说明

当检流计的灵敏度过高时，可将P(电位极)探测针插入土壤浅一些。当检流表的灵敏度过低时，可在P探测针和C探测针周围浇一点水，使土壤湿润。但应注意，绝不能浇水太多，使土壤湿度过大，这样会造成测量误差。

低压架空电力线的零线，每一重复接地装置的接地电阻不应大于10 Ω；在发电机和变压器接地装置的接地电阻允许达到10 Ω的电力网路中，每一重复接地装置的接地电阻不应超过30 Ω，但重复接地不应少于三处。低压电力设备及电力变压器的接地电阻不宜超过4 Ω，当变压器容量不超过100 kV · A时，其接地装置的接地电阻允许不超过10 Ω。

5. 使用ZC298-2型指针式接地电阻测试仪应注意的事项

(1)当有雷电的时候，或被测物带电时，应严格禁止进行测量工作。

(2)测量前应先将接地极与接地引下线断开，以免影响测量结果，如图3-4-7所示。

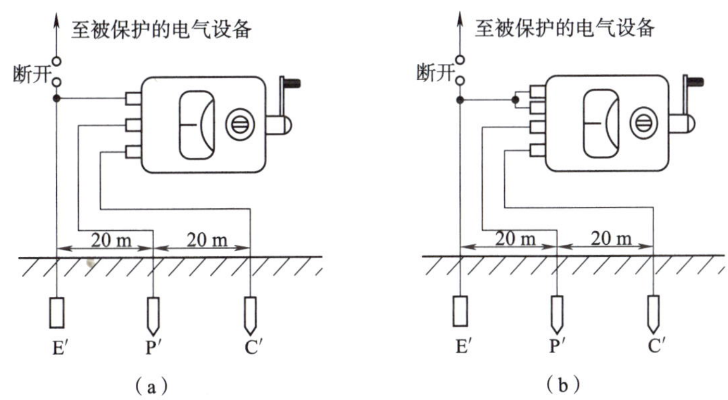

图3-4-7　ZC298-2型指针式接地电阻测试仪测量接地电阻接线

二、UT521 型数字式接地电阻测试仪的使用

1. 精确测量(使用标准测量线测量)

E、P、C 三根测量线插头分别对应接入仪表的 E、P、C 三个测量端口。将 P 和 C 接地针打到地深处,它们和待测接地设备排列成一行(直线),且彼此间隔 5 ~ 10 m。

(1)测量接地电压:将功能选择开关旋转到“接地电压挡”,LCD 显示接地电压测量状态。

①将测量线插入“V”端和“E”端(其他测量端不要插测量线)再接上待测点,LCD 将显示接地电压的测量值(注意:测接地电压不需要按“TEST”键)。

②若测量值大于 10 V 时,则要将相关电气设备关闭,待接地电压降低后再进行接地电阻的测量,否则会影响接地电阻的测量精度。

小提示

接地电压测量仅在 V 和 E 端进行,C 和 P 端的连接线一定要断开,否则可能会导致危险或损坏仪表。

(2)测量接地电阻:将功能选择开关旋转到接地电阻“2 000 Ω 挡(最大挡)”,按“TEST”键测量,LCD 显示接地电阻值。

①若所测电阻值小于 200 Ω,则将功能开关旋转到接地电阻“200 Ω 挡”,LCD 显示接地电阻值。

②若所测电阻值小于 20 Ω,则将功能开关旋转到接地电阻“20 Ω 挡”,LCD 显示接地电阻值。

③当然也可以按照其他的选挡顺序进行测量,总之一定要选择最佳的测量挡位去测量才能使所测的值最准。

小提示

(1)按“TEST”键测量时,按键上的状态指示灯会点亮,表示该仪器正处在测量状态中。如测量挡位选择不当或测量端开路,LCD 都将显示“---- Ω”,此时要重新检查测量线连接是否良好、土壤是否太干燥、接地探测针是否可靠接地等。

(2)在完成所有的测量操作后,要断开测量线与被测电路的连接,并从仪器输入端拿掉测量线,收拾实训器材、仪表归位。

2. 简易测量(用所配简易测量线测量)

(1)此方法是当接地探测针不方便使用时,可将一个外露的低接地电阻物体作一个电极,如金属水槽、水管、供电线路公共地、建筑物接地端,都可以用 2 线式方法测量[将 P、C 端短接,只外接 E 和 P(C)端]。

小提示

(1)当使用商用电力系统接地点作参考点测量时,小心有电击危险。

(2)在完成所有的测量操作后,要断开测量线与被测电路的连接,并从仪器输入端拿掉测量线,收拾实训器材、仪表归位。

三、记录实训测量数据

分别用 ZC298-2 型指针式接地电阻测试仪和 UT521 型数字式接地电阻测试仪测量三个模拟接地电阻，并将测量结果记入表 3-4-1 中。

表 3-4-1　接地电阻的测量数据

被测接地电阻	ZC298-2 型指针式接地电阻测试仪	UT521 型数字式接地电阻测试仪	是否符合要求（小于 10 Ω）
模拟接地电阻 1			
模拟接地电阻 2			
模拟接地电阻 3			

小提示

了解五种测量电阻的仪器各自的共同点与区别，具体见表 3-4-2。

表 3-4-2　4 种仪表测量电阻方法的比较

被测电阻的大小	测量方法	优点	缺点	为保证测量结果准确度采取的特殊措施
低值电阻（<1 Ω）	双臂电桥法	测量准确度高	操作麻烦	注意电桥与被测电阻电流端钮和电位端钮之间正确连线以排除接线电阻接触电阻影响
中值电阻（1 Ω～1 MΩ）	欧姆表法	直接读数使用方便	测量误差较大	选择量限使仪表指示接近欧姆中心值
	伏安法	能够测量工作状态下的电阻	结果要经计算才能得出且误差较大	注意减小测量方法误差以及选用足够准确合适的电压表和电流表
	单臂电桥法	准确度高	操作麻烦	操作时注意读取足够有效位数
高值电阻（>1 MΩ）	兆欧表法	直接读数操作方便	测量误差较大	排除表面电流的影响（采用“G”端钮接线）
接地电阻	接地电阻表法	直接读数操作方便	操作较复杂	从最高倍率挡开始测量，若读数小于 1，应降低倍率挡

实训成绩评定（表 3-4-3）

表 3-4-3　两种接地电阻测试仪使用的成绩评定标准

考核要求	熟练使用两种仪表，并能独立完成参数测量	熟练使用两种仪表，并能小组合作完成参数测量	基本掌握使用两种仪表，配合小组成员完成参数测量	基本掌握使用两种仪表，但无法掌握参数测量方法	无法掌握本实训内容或误操作损坏实训设备
评分标准	A^+	A	B^+	B	C
实操得分					

实训报告

1. 简述ZC298-2型指针式接地电阻测试仪、UT521型数字式接地电阻测试仪的测量方法。

2. 总结ZC298-2型指针式接地电阻测试仪、UT521型数字式接地电阻测试仪的测量操作步骤及注意事项。

3. 记录实验数据。

4. 其他(包括实验的心得、体会等)。

项目四　交流电流、电能的测量

项目描述

交流电路中,交流参数(电压、电流、功率、电能)的测量在电工测量中占有重要的地位,需要不同的仪器分别测量。本项目主要是训练使用钳形电流表测量交流电流、单相功率表测量电功率、单相电度表测量电能。

项目目标

1. 熟练掌握用钳形电流表测量交流电流的测量方法。
2. 熟练掌握用单相功率表测量电功率的测量方法。
3. 熟练掌握用单相电度表测量电能的测量方法。

实训一　数字式钳形电流表的使用

实训目标

1. 了解数字式钳形电流表的性能、结构。
2. 掌握数字式钳形电流表的测量原理。
3. 熟练掌握用数字式钳形电流表测量交流电流的测量方法。

实训内容

学习数字式钳形电流表测量操作方法,并能使用仪表测量交流电流参数。

实训工具、仪表和仪器

1. 仪表:UT201 型数字式钳形电流表
2. 仪器:强电实验箱
3. 连接导线若干(根据实际情况准备)

相关知识

一、UT201 型数字式钳形电流表面板结构

钳形电流表是一种用于测量正在运行的电气线路电流大小的仪表,可在不断电的情况下测量电流。图 4-1-1 为 UT201 型数字式钳形电流表外观。

该仪表可用于测量交直流电压、交流电流、电阻、二极管及电路通断等电路参数。面板包括

LCD 显示屏、功能按键、功能转换开关、钳头、钳头扳机、测量接线端及红黑测量线一对。

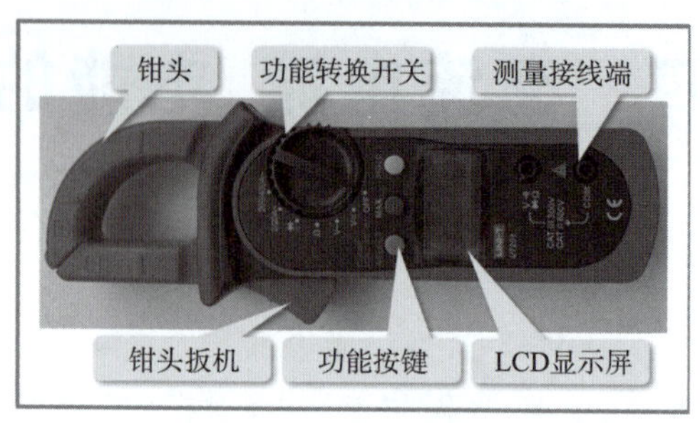

图 4-1-1　UT201 型数字式钳形电流表外观

实训实施

低压钳形电流表的使用

一、测量交直流参数

1. 测量交流电流

(1)将功能转换开关转至“交流电流挡(2/20 A、200/400 A 两挡)”。

(2)按下钳头扳机打开钳口,用钳头卡住单根被测导线,调整被测导线与钳头垂直,并处于钳头的测试中心位置,同时检查钳头应闭合良好,LCD 显示屏显示被测参数值。若同时测量两个或两个以上不同导体,测量读数是错误的。

(3)小电流要提高测量精度:当被测电流过小时(小于最小量程的五分之一),为了得到较准确的读数,若条件允许,可将被测导线绕几圈后套进钳口进行测量。此时,钳形电流表读数除以钳口内的导线圈数,即为实际电流值

$$\text{实际电流值} = \text{被测电流值} \div \text{导线圈数} \tag{4-1}$$

(4)完成所有测量操作后,钳头要松开被测量导线。

小提示

注意本型号仪表无法测量直流电流。

2. 测量直流电压

(1)将功能转换开关转至直流电压挡,将红黑测量线插头插入对应测量接线端。

(2)红黑测量表笔并联于被测负载两端,LCD 显示屏显示被测参数值。注意此时钳形电流表相当于直流电压表使用,不能串接入电路测量,会引起短路危险。

(3)完成所有测量操作后,要断开表笔与被测电路的连接。

3. 测量交流电压

(1)将功能转换开关转至交流电压挡,将红黑测量线插头插入对应测量接线端。

(2)红黑测量表笔并联于被测负载两端,LCD 显示屏显示被测参数值。注意此时钳形电流表相当于交流电压表使用,不能串接入电路测量,会引起短路危险。

(3)完成所有测量操作后,要断开表笔与被测电路的连接。

4. 测量电阻（在测量电阻前，被测电路电源必须切断）

(1)将功能转换开关转至电阻挡，将红黑测量线插头插入对应测量接线端。

(2)红黑测量表笔并联于被测负载两端，LCD 显示屏显示被测参数值。注意此时被测电路必须切断电源，否则有触电危险及会损坏仪表。

(3)完成所有测量操作后，要断开表笔与被测电路的连接。

小提示

(1)测量大电流时，要戴绝缘手套，穿绝缘鞋，站在绝缘垫上。

(2)钳口要闭合紧密，不能带电换量程。

(3)钳形电流表不得去测高压线路的电流，被测线路的电压不能超过钳形电流表所规定的使用电压，以防绝缘击穿，人身触电。

(4)测量前应估计被测电流的大小，选择适当的量程，不可用小量程挡去测量大电流。

(5)测量时应将被测导线置于钳口中央部位，以提高测量准确度；测量结束应将转换开关调到“OFF”挡位置，以便下次安全使用。

二、记录实训测量数据

连接日光灯电路，利用 UT201 型数字式钳形电流表测量日光灯电路电流并记录数据于表 4-1-1 中。

表 4-1-1　UT201 型数字式钳形电流表测量日光灯电路电流的测量数据表

导线圈数	1	2	3	4	平均值
测量值					
实际值					

实训成绩评定（表 4-1-2）

表 4-1-2　数字式钳形电流表使用的成绩评定标准

考核要求	熟练使用仪表及实验箱，并能独立完成电路连接、参数测量	熟练使用仪表及实验箱，并能小组合作完成电路连接、参数测量	基本掌握使用仪表及实验箱，配合小组成员完成电路连接、参数测量	基本掌握使用仪表及实验箱，无法掌握参数测量方法	无法掌握本实训内容或误操作损坏实训设备
评分标准	A⁺	A	B⁺	B	C
实操得分					

实训报告

1. 简述 UT201 型数字式钳形电流表的使用方法。
2. 总结 UT201 型数字式钳形电流表的操作注意事项。
3. 记录实验数据。
4. 其他（包括实验的心得、体会等）。

实训二　单相功率表的使用

实训目标

1. 了解数字式单相功率表的性能、结构。
2. 掌握数字式单相功率表的测量原理。
3. 熟练掌握用数字式单相功率表测量功率的测量方法。

实训内容

学习数字式单相功率表测量操作方法，并能使用仪表测量功率参数。

实训工具、仪表和仪器

1. 仪表：数字式单相功率表、数字式交流电压表、数字式交流电流表
2. 仪器：强电实验箱
3. 连接导线若干(根据实际情况准备)

相关知识

单相功率表的结构和工作原理如下。

测量电功率所用的功率表，又称瓦特表。按用途和结构不同，可分为有功功率表、无功功率表和视在功率表、单相功率表和三相功率表(本教材只介绍测量有功功率的单相功率表)。

电功率是由电路中的电压和电流的乘积值决定的。测量电功率的仪表必须有两个绕组，一个反映电路的电压值，另一个反映电路中的电流值。

单相功率表通常由电动式仪表做成，其固定线圈的匝数较少，线径较粗，内阻较小，称之为电流线圈。可动线圈的匝数较多，线径较细，内阻较大，串联上较大的电阻后，称之为电压线圈。

使用单相功率表时，电压、电流都不允许超过各自线圈的量程。改变两组固定线圈的串、并联方式即可改变电流线圈的量程，调节可动线圈中的附加电阻即可改变电压线圈的量程。

模拟式单相功率表如图 4-2-1 所示，本实训中所使用的是如图 4-2-2 所示数字式单相功率表。

图 4-2-1　模拟式单相功率表

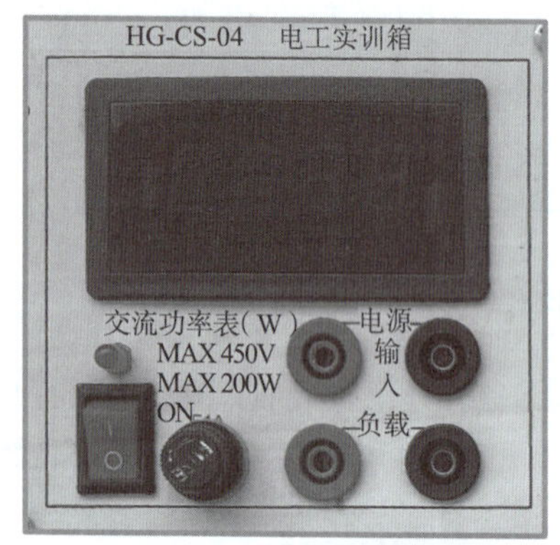

图 4-2-2　数字式单相功率表

模拟式单相功率表的内部组成示意如图 4-2-3 和图 4-2-4 所示。

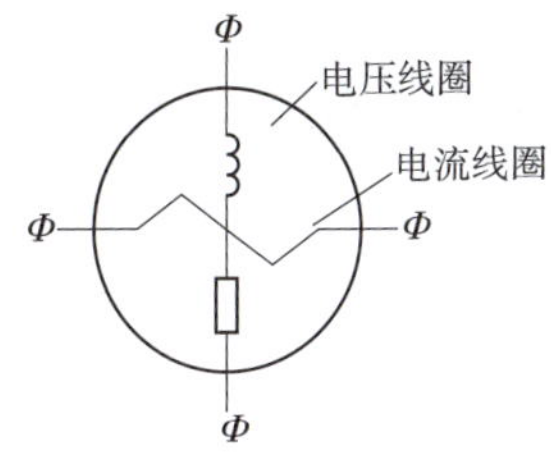

图 4-2-3 模拟式单相功率表内部电路

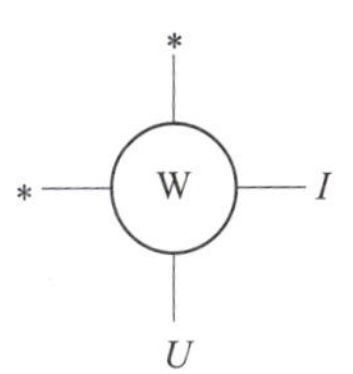

图 4-2-4 模拟式单相功率表符号

实训实施

功率表的接线与提高功率因数的测量

一、功率表的接线

1. 单相功率表的正确接线

单相功率表有四个接线端子，即一对电压线圈端子和一对电流线圈端子。电压线圈标有“＊”和电流线圈标有“＊”的端子为同名端，使用时应将同名端短接后接在电源的一侧。如图 4-2-5 所示为单相功率表的接线。

2. 本实训中使用的数字式单相功率表的接线

本实训中使用的数字式单相功率表其内部已作接线处理，只须将被测电路的电源端接到数字式单相功率表标有“电源”的两个接线端钮，而被测电路的负载端接到数字式单相功率表标有“负载”的两个端钮，如图 4-2-6 所示。

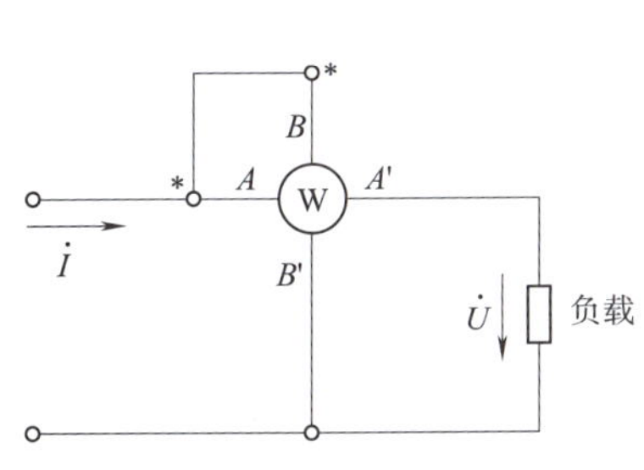

图 4-2-5 单相功率表的接线

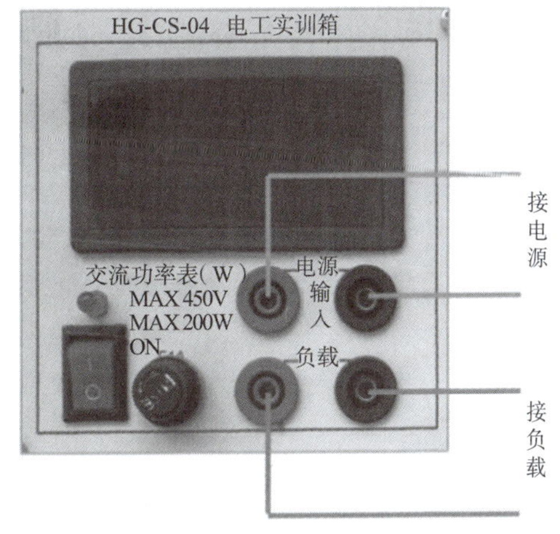

图 4-2-6 数字式单相功率表的接线

小提示

由于所使用的电源是单相交流电，在接线时要注意安全，应遵循不带电接线，接线完成后请老师检查，确认无误后才可通电测量。测量操作时注意用电安全，以防触电、短路等事故。使用完后要清理桌面。

二、记录实训测量数据

1. 测量

使用数字式单相功率表、交流电压表和交流电流表测量日光灯线路负载的功率、电压、电流。如图4-2-7所示，负载为日光灯电路，开关K断开。

小提示

电压表应并联接入被测电路，电流表应串联接入被测电路，两种仪表接线方法不同不能接错，以免造成短路危险。

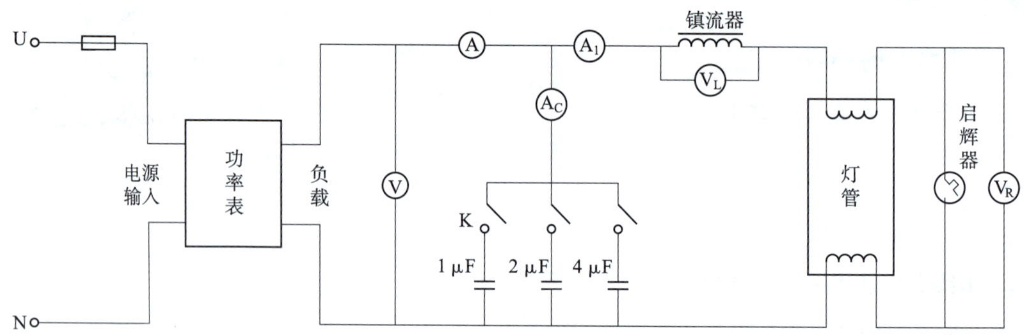

图4-2-7　数字式单相功率表测量日光灯电路功率的接线

2. 功率因数提高测试

如图4-2-7所示，将K闭合，分别接上不同的电容C，读取相应的电压、电流、功率，并计算功率因数，将数据记录于表4-2-1。

表4-2-1　日光灯电路各参数的测量数据

电容值(μF)	P (W)	U (V)	U_R (V)	U_L (V)	I (A)	I_1 (A)	I_C (A)	计算 $\cos\varphi=\frac{P}{UI}$
0							/	
1								
2								
4								
5								
7								

实训成绩评定(表 4-2-2)

表 4-2-2　单相功率表使用的成绩评定标准表

考核要求	熟练使用仪表及实验箱,并能独立完成电路连接、参数测量	熟练使用仪表及实验箱,并能小组合作完成电路连接、参数测量	基本掌握使用仪表及实验箱,配合小组成员完成电路连接、参数测量	基本掌握使用仪表及实验箱,无法掌握参数测量方法	无法掌握本实训内容或误操作损坏实训设备
评分标准	A^+	A	B^+	B	C
实操得分					

实训报告

1. 简述单相功率表的结构。
2. 总结单相功率表的测量操作步骤及注意事项。
3. 记录实验数据。
4. 其他(包括实验的心得、体会等)。

实训三　单相电能表的使用

实训目标

1. 了解单相电能表的性能、结构。
2. 掌握单相电能表的测量原理。
3. 熟练掌握用单相电能表测量电能的测量方法。

实训内容

学习单相电能表测量操作方法,并能使用仪表测量电能参数。

实训工具、仪表和仪器

1. 仪表:单相电能表、数字式交流电压表、数字式交流电流表、秒表
2. 仪器:强电实验箱
3. 连接导线若干(根据实际情况准备)

相关知识

电能表用于测量某一段时间内负载所消耗的电能,又称电能表。按用途和结构又可分为有功电能表和无功电能表、单相电能表和三相电能表(本教材只介绍单相电能表)。

一、单相电能表的结构

单相电能表外形如图 4-3-1 所示。单相电能表是由驱动部件、转动部分、制动部分,以及积算机

构等部分组成，其内部结构如图 4-3-2 和图 4-3-3 所示。

图 4-3-1　单相电能表外形

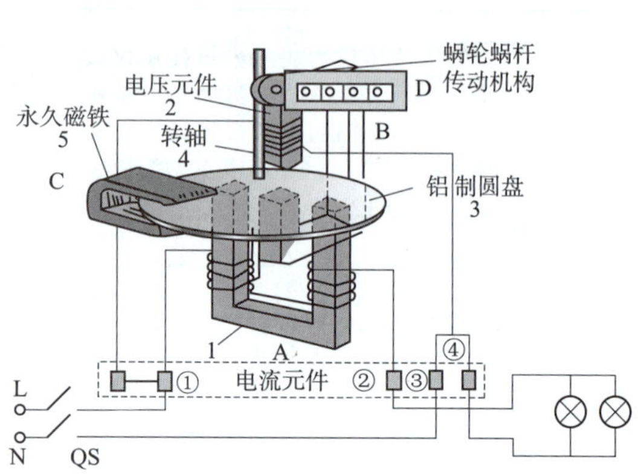

图 4-3-2　感应系单相电能表的结构示意

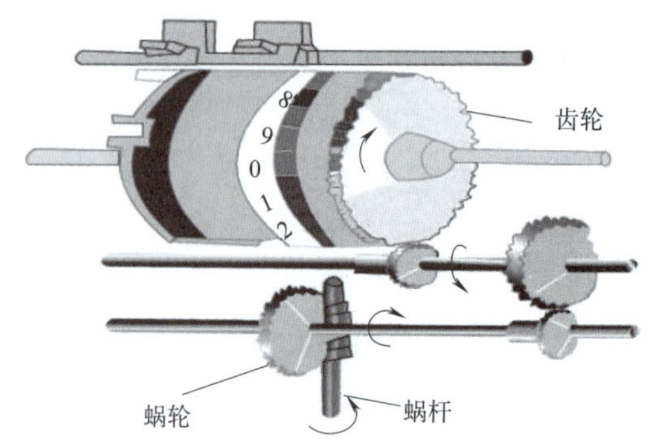

图 4-3-3　积算机构示意

1. 驱动部件

驱动部件由电流元件 1 和电压元件 2 组成。电流元件由铁芯和绕在铁芯上的电流线圈组成。电流线圈的导线较粗，匝数较少，与负载串联，故又称串联电磁铁。电压元件也由铁芯和电压线圈组成。电压线圈的导线较细而匝数较多，与负载并联，故又称并联电磁铁。

2. 转动部分

转动部分由铝质的转动圆盘 3、固定转动圆盘的转轴 4 构成，转轴支撑在上下轴承中。电能表工作时，电流元件和电压元件产生的交变磁场使铝盘感应出的涡流与该交变磁场相互作用，驱使圆盘产生转动。

3. 制动部分

制动部分由永久磁铁 5 构成，它是用来在铝盘转动时产生制动力矩的，使铝盘的转速能和被测功率成正比，以便用铝盘的转数来反映被测电能的大小。

4. 积算机构

积算机构用来计算铝盘在一定时间内的转数，以便达到累计电能的目的。积算机构的结构如图 4-3-3 所示。当铝盘转动时，通过蜗杆蜗轮及齿轮级的传动，带动滚轮组转动。这样，就可以通过

滚轮上的数字来反映铝盘的转数,也就是所测电能的大小。

二、单相电能表的工作原理

当单相电能表接入被测电路后,被测电路电压 U 加在电压线圈上,被测电路电流 I 通过电流线圈,产生两个交变磁通 Φ_U 和 Φ_i 穿过铝盘,这两个磁通在时间上相同,分别在铝盘上产生涡流。由于磁通与涡流的相互作用而产生转动力矩,使铝盘转动。永久磁铁的磁通,也穿过铝盘,当铝盘转动时,切割此磁通,在铝盘上感应出电流,这电流和永久磁铁的磁通相互作用而产生一个与铝盘旋转方向相反的制动力矩,使铝盘的转速达到均匀。

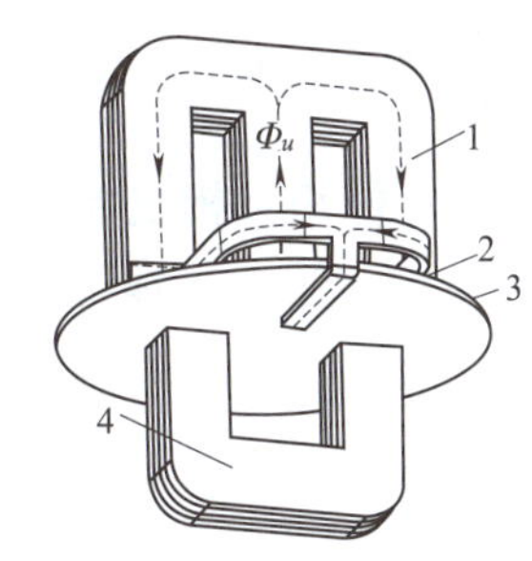

图 4-3-4　单相电能表磁路

1—电压线圈;2—永久磁铁;
3—铝盘;4—电流线圈

单相电能表的磁路如图 4-3-4 所示。

由于磁通与电路中的电压和电流成比例,因而铝盘转动与电路中所消耗的电能成比例。也即,负载功率越大,铝盘转得越快。铝盘的转动经过蜗杆传动计数器,计数器就自动累计线路中实际所消耗的电能。

根据电能表的工作原理可知,作用于铝盘的转动力矩 M_P 与被测电路的有功功率成正比,即

$$M_P = KUI\cos\varphi = KP \tag{4-2}$$

式中　K——比例常数;

φ——I 与 U 的相位差。

当铝盘在转动力矩的作用下开始转动时,切割穿过它的永久磁铁的磁通 Φ_f,将在其上产生一个涡流 i_f。这个涡流与永久磁铁的相互作用,将产生一个作用于铝盘与其转动方向相反的力矩 M_f,称为制动力矩。显然,铝盘转动越快,切割穿过它的磁力线就越快,所引起的磁通变化率就越大,产生的涡流越大,则制动力矩就越大。所以制动力矩和铝盘的转速 n(r/s)成正比,即

$$M_f = kn \tag{4-3}$$

式中　k——比例常数。

由此说明,制动力矩是一个动态力矩,当铝盘不动时,制动力矩不存在。制动力矩是随铝盘的转动而产生的,并随转速增大而增大,其方向总是和铝盘的转动方向相反。

当铝盘在转动力矩的作用下开始转动后,随着转速的增加,其制动力矩不断增加,直到制动力矩与转动力矩相平衡。此时,作用于铝盘的总力矩为零,铝盘的转速不再增加,而是稳定在一定的转速下。所以,由平衡条件 $M_P = M_f$,可得

$$kn = KP \tag{4-4}$$

即转速为

$$n = KP/k = CP \tag{4-5}$$

式中　C——电能表的比例常数。

由此可见,电能表铝盘的转速和负载功率成正比。将式(4-5)两端同时乘以测量时间 T,得

$$nT = CPT = CW \tag{4-6}$$

式中,nT 为在测量时间内电能表铝盘的转数,以 N 表示,故被测负载在时间 T 内所消耗的电能 W 为

$$W = N/C \tag{4-7}$$

其中,$C = N/W$[r/(kW·h)]表示电能表每一千瓦小时下铝盘的转数,即千瓦小时数。电能

表常数 C 是电能表的一个重要参数，通常标注在电能表的铭牌上。如本实训中所用的电能表常数 C 为2 400 r/(kW·h)。

实训实施

电能表的接线与校验

一、使用单相电能表测量

1. 合理选择电能表

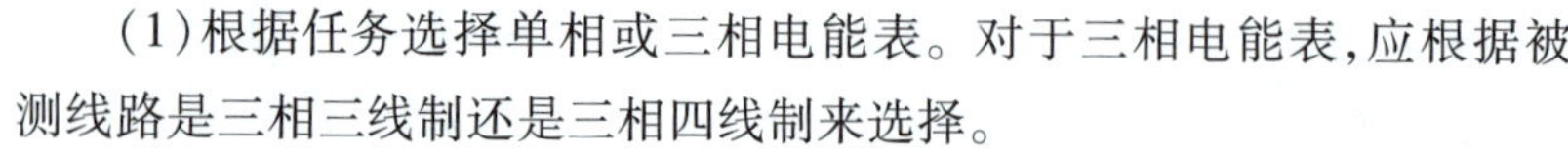

(1)根据任务选择单相或三相电能表。对于三相电能表，应根据被测线路是三相三线制还是三相四线制来选择。

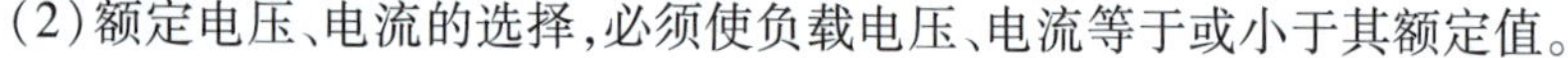

(2)额定电压、电流的选择，必须使负载电压、电流等于或小于其额定值。

2. 正确安装单相电能表

(1)单相电能表应按设计装配图规定的位置进行安装，注意不能安装在高温、潮湿、多尘及有腐蚀气体的地方。

(2)单相电能表应安装在不易受振动的墙上或开关板上，墙面上的安装位置以不低于 1.8 m 为宜，并列安装多只电能表时，两表间距不得小于 200 mm。

(3)为了保证单相电能表工作的准确性，必须严格垂直装设。

(4)单相电能表的导线中间不应有接头。

(5)单相电能表在额定电压下，当电流线圈无电流通过时，铝盘的转动不超过 1 r，功率消耗不超过 1.5 W。当负载在额定电压下是空载时，单相电能表铝盘应该静止不动。

(6)单相电能表装好后，开亮电灯，单相电能表的铝盘应从左向右转动。当发现单相电能表反转时，可能是接线错误造成的，但不能认为凡是反转都是接线错误，下列情况下反转属正常现象：

①装在联络盘上的单相电能表，当由一段母线向另一段母线输出电能时，单相电能表盘会反转。

②当用两只单相电能表测定三相三线制负载的有功电能时，在电流与电压的相位差角大于60°，即 $\cos\varphi < 0.5$ 时，其中一个单相电能表会反转。

(7)单相电能表的选用必须与用电器总瓦数相适应。

(8)单相电能表在使用时，电路不容许短路及用电器超过额定值的 125%。

3. 正确接线

要根据仪器说明要求和接线图把进线和出线依次对号接在单相电能表的出线头上；接线时注意电源的相序关系；接线完毕后，要反复查对无误后才能合闸使用。

在低压小电流电路中，单相电能表可直接接在线路上，如图 4-3-5(a)所示。在低压大电流电路中，若线路负载电流超过单相电能表的量程，则须经电流互感器将电流变小，即将单相电能表间接连接到线路上，接线方法如图 4-3-5(b)所示。注意：切不可将 2、3 接线或 1、4 接线对调，否则将烧毁单相电能表或电源。

4. 正确读数

当单相电能表不经互感器而直接接入电路时，可以从单相电能表上直接读出实际电度数。如果单相电能表利用电流互感器或电压互感器扩大量程时，实际消耗电能应为单相电能表的读数乘以电流变比或电压变比。

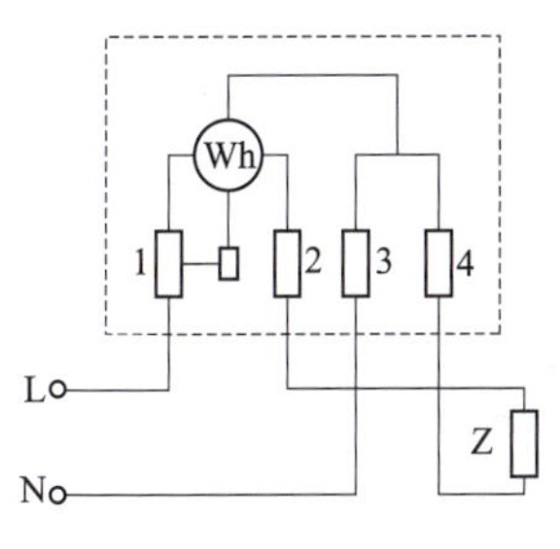

（a）直接接入式

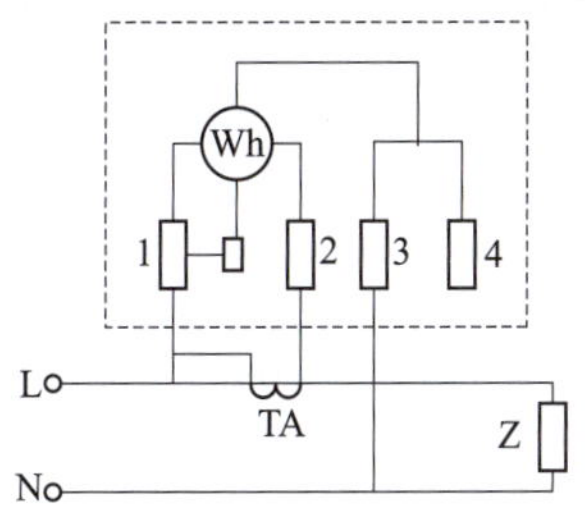

（b）经电流互感器接入式

图 4-3-5　单相电能表的接线方法

（Wh：单相电能表；Z：负载、TA：电流互感器）

小提示

由于所使用的电源是单相交流电，在接线时应注意安全，遵循不带电接线，接线完成后请老师检查，确认无误后方可通电测量。测量操作时注意用电安全，以防触电、短路等事故。使用完后要清理桌面。

二、记录实训测量数据

1. 测量单相电能表的潜动

单相电能表在没有接上负载时应该不进行计量，否则将给用户带来经济损失。

作法：将单相电能表电压线圈上通上 80% ~110% 的额定电压，电流线圈开路，此时相当于用户的负荷接上后开关未打开，观察单相电能表的铝盘，其转动不应超过 1 周。记录单相电能表是否存在潜动现象。

2. 用单相电能表测量电能

按图 4-3-6 接线，图中 R_L 为 6 个 25 W 的白炽灯并联，A 为数字式交流电流表，V 为数字式交流电压表。接好线经老师检查后接通电源，读取电压、电流值填入表 4-3-1 中，并记录经过 5 min 后单相电能表度数的增加值（此值即为负载 R_L 在 5 min 内消耗的电能）。

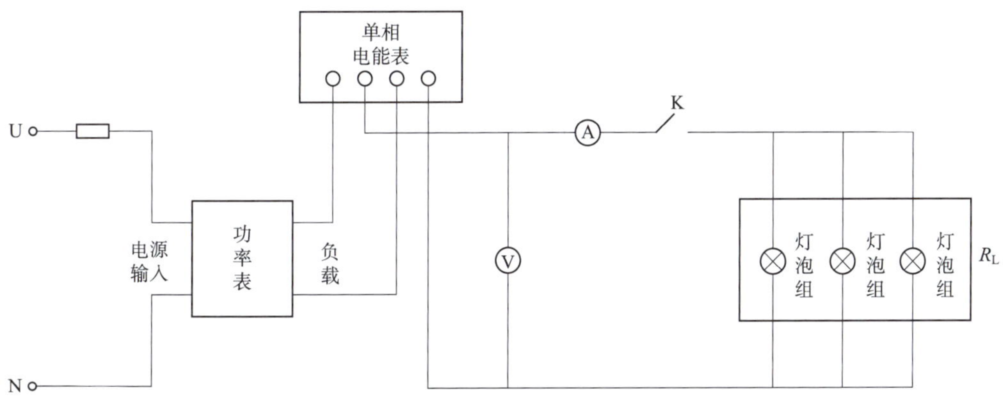

图 4-3-6　单相电能表测量白炽灯用电量接线示意

3. 校验单相电能表

测量单相电能表转 10 圈所用的时间 t_1，并与理论值 t_2 相比较，计算相对误差。

$$t_2 = \frac{n \times 3\,600 \times 1\,000}{C \times P_N}$$

表 4-3-1　单相电能表校验的测量数据

负载 P_N (W)	时间 t(s)	电流 I(A)	电压 U(V)	单相电度表转数 n	功率表 P	电能 $A=Pt$	$A_1=UIt$	$A_2=P_N t$	$A_3=\frac{n}{C}\times 3\,600\times 1\,000$	$\frac{A_1-A}{A}$	$\frac{A_2-A}{A}$	$\frac{A_3-A}{A}$
150				10								
150	300											

比较几种方式所得的结果的相对误差。

4. 观察单相电能表的反转和停转

根据单相电能表工作原理，思考在什么情况下单相电能表会反转或停转，并实际操作验证。

实训成绩评定（表 4-3-2）

表 4-3-2　单相电能表使用的成绩评定标准表

考核要求	熟练使用仪表及实验箱，并能独立完成电路连接、参数测量	熟练使用仪表及实验箱，并能小组合作完成电路连接、参数测量	基本掌握使用仪表及实验箱，配合小组成员完成电路连接、参数测量	基本掌握使用仪表及实验箱，无法掌握参数测量方法	无法掌握本实训内容或误操作损坏实训设备
评分标准	A⁺	A	B⁺	B	C
实操得分					

实训报告

1. 简述单相电能表的结构。
2. 总结单相电能表的测量操作步骤及注意事项。
3. 记录实验数据。
4. 其他（包括实验的心得、体会等）。

项目五　低频小信号电路的测量

项目描述

在低频小信号电路中,需要使用不同的仪器分别测量低频小信号电压及信号波形这些电路参数。本项目主要是训练使用数字示波器测量低频信号发生器输出信号的波形、数字毫伏表测量低频信号发生器输出电压,以及低频小信号电路的各个参数测量。

项目目标

1. 熟练掌握用数字示波器测量低频信号波形的方法。
2. 熟练掌握用数字毫伏表测量低频信号发生器输出信号电压的方法。

实训一　数字示波器的使用

实训目标

1. 了解数字示波器的性能、结构。
2. 掌握数字示波器的测量原理。
3. 熟练掌握用数字示波器测量低频信号波形的测量方法。

实训内容

学习数字示波器的测量操作方法,并能使用仪表测量电路参数。

实训工具、仪表和仪器

1. 仪表:数字式万用表
2. 仪器:电子电路实验箱、XDS3102A 型数字示波器
3. 连接导线若干(根据实际情况准备)

相关知识

一、XDS3102A 型数字示波器的前面板结构

数字示波器前面板结构如图 5-1-1 所示,包括各种旋钮和功能按键。显示屏下侧及右侧均有 5 个按键为菜单选择按键,通过它们可以设置当前菜单的不同选项。其他按键为功能按键,通过它们可以进入不同的功能菜单或直接获得特定的功能应用。(以下为各区域功能作用说明)

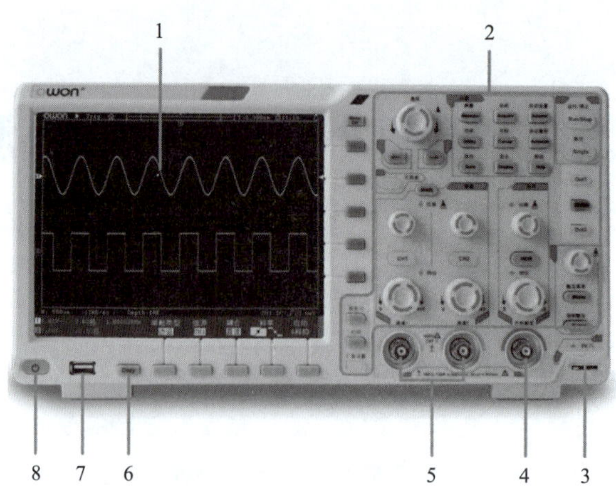

图 5-1-1　数字示波器前面板结构

1—显示区域;2—按键和旋钮控制区;3—探头补偿(5 V/1 kHz 信号输出);4—外触发输入;5—信号输入口;6—Copy 键(可在任何界面直接此键来保存信源波形);7—USB Host 接口(当示波器作为"主设备"与外部 USB 设备连接时,需要通过该接口传输数据);8—数字示波器开关

二、前面板菜单按键

如图 5-1-2 所示为数字示波器前面板菜单按键。

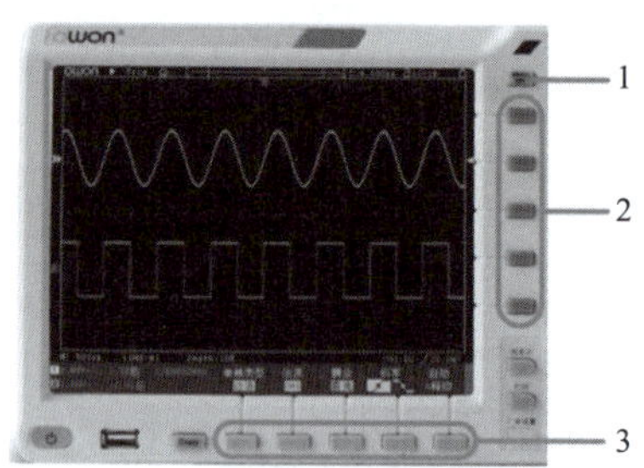

图 5-1-2　数字示波器前面板菜单按键

1—隐藏侧屏幕菜单;2—选择右侧屏幕菜单项;3—选择下方屏幕菜单项

三、按键控制区功能

如图 5-1-3 所示为数字示波器按键和旋钮控制区,其功能具体如下。

(1)触发控制区:包括两个按键和一个旋钮。"触发电平"旋钮调整触发电平,其他两个按键对应触发系统的设置。

(2)水平控制区:包括一个按键和两个旋钮。"水平"按键对应水平系统设置菜单,水平"位移"旋钮控制触发的水平位移,"挡位"旋钮控制时基挡位。

(3)垂直控制区:包括三个按键和四个旋钮。"CH1""CH2"按键分别对应通道 1、通道 2 的设置菜单;"Math"按键对应波形计算菜单,运算菜单中包括加减乘除及 FFT 等运算;两个垂直"位移"旋钮分别控制通道 1、通道 2 的垂直位移;两个"挡位"旋钮分别控制通道 1、通道 2 的电压挡位。

(4)"打印"按键:打印显示在示波器屏幕上的图像。

(5)"频率计"按键:开启/关闭硬件频率计的快捷键或开启/关闭解码。

(6)"万用表"按键:万用表功能。

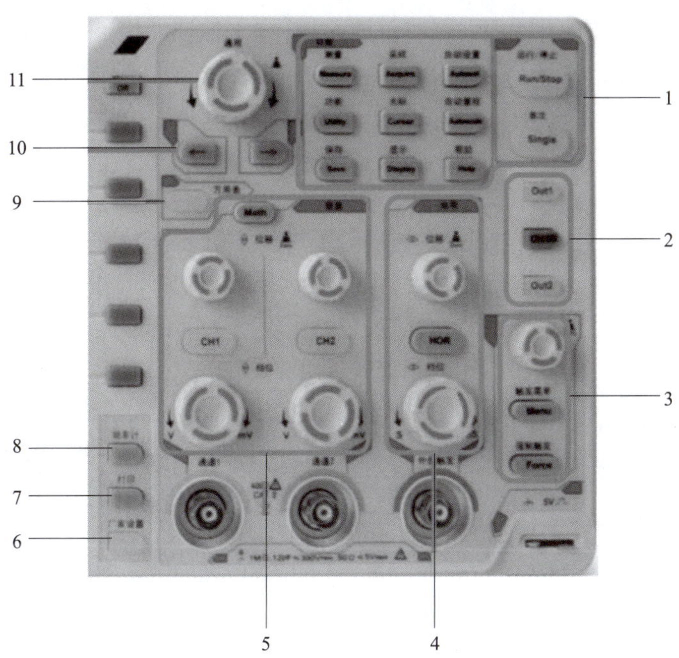

图 5-1-3　数字示波器按键和旋钮控制区

1—功能按键区；2—信号发生器控件；3—触发控制区；4—水平控制区；5—垂直控制区；
6—“厂家设置”按键；7—“打印”按键；8—“频率计”按键；9—“万用表”按键；10—方向键；11—“通用”旋钮

(7)方向键：移动选中参数。

(8)“通用”旋钮：当屏幕菜单中出现 M 标志时，表示可转动通用旋钮来选择当前菜单或设置数值；按下旋钮可关闭屏幕左侧及右侧菜单。

四、显示界面

如图 5-1-4 所示为数字示波器显示界面，其功能具体说明如下。

(1)触发状态指示 3，有如下信息类型。

Auto：示波器处于自动方式并正采集无触发状态下波形。

Trig：示波器已检测到一个触发，正在采集触发后信息。

Ready：所有预触发数据均已被获取，示波器已准备就绪，接受触发。

Scan：示波器以扫描方式连续地采集并显示波形数据。

Stop：示波器已停止采集波形数据。

(2)主菜单图标 4：点击可调出触摸主菜单(仅限于触摸屏)。

(3)放大镜图标 5：开启/关闭放大镜功能(仅适用于选配触摸屏的 XDS3102AP/XDS3202A)。

(4)垂直光标位置 6：两条垂直蓝色虚线指示光标测量的垂直光标位置。

(5)T 指针 7：表示触发水平位移，水平位移控制旋钮可调整其位置。

(6)指示当前触发水平位移的值 9：显示当前波形窗口在内存中的位置。

(7)触摸屏是否已锁定的图标 10：锁定时“ ”，屏幕不可进行触摸操作。

(8)显示相应通道的测量项目与测量值 20：其中“T”表示周期，“F”表示频率，“V”表示平均值，“V_P”表示峰—峰值，“V_r”表示均方根值，“M_a”表示最大值，“M_i”表示最小值，“V_t”表示顶端值，

“V_b”表示底端值，“V_a”表示幅度，“O_S”表示过冲，“P_S”表示预冲，“R_t”表示上升时间，“F_t”表示下降时间，“P_W”表示正脉宽，“N_W”表示负脉宽，“+D”表示正占空比，“-D”表示负占空比，“P_D”表示延迟 A->B ↑，“N_D”表示延迟 A->B ↓，“T_R”表示周均方根，“C_R”表示游标均方根，“W_P”表示屏幕脉宽比，“R_P”表示相位，“+PC”表示正脉冲个数，“-PC”表示负脉冲个数，“+E”表示上升沿个数，“-E”表示下降沿个数，“AR”表示面积，“CA”表示周期面积。

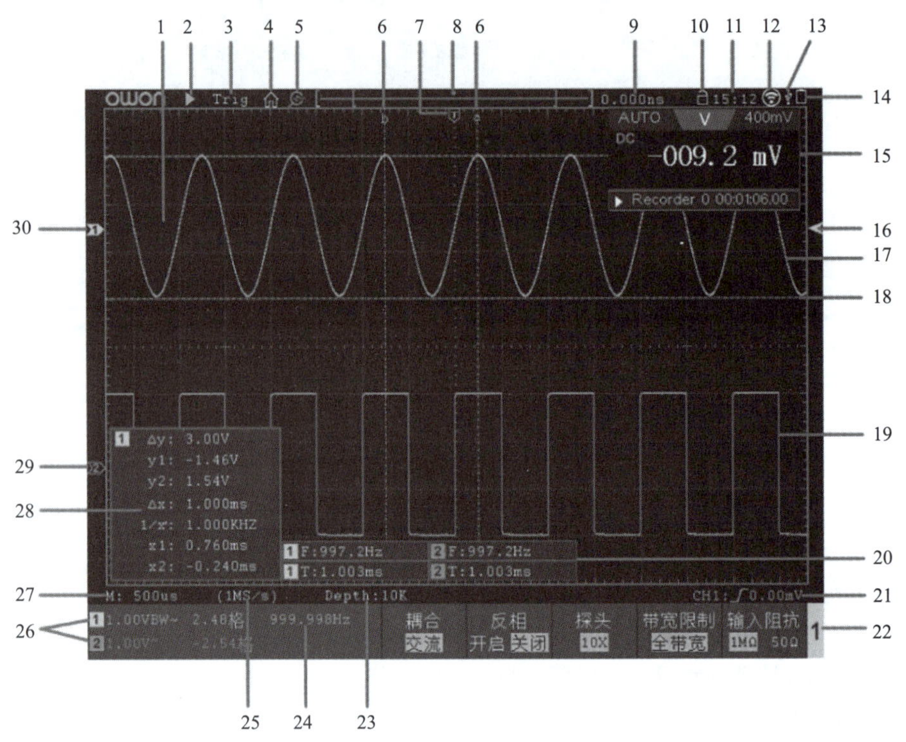

图 5-1-4　数字示波器显示界面说明

1—波形显示区；2—运行/停止图标（触摸屏可直接点击）；3—触发状态指示；4—主菜单图标；5—放大镜图标；6— 垂直光标位置；7—T 指针；8—指针指示当前存储深度内的触发位置；9—指示当前触发水平位移的值；10—触摸屏是否已锁定的图标；11—显示系统设定的时间；12—已开启 Wi-Fi；13—表示当前有 U 盘插入示波器；14—指示当前电池电量；15—万用表显示窗；16—指针表示通道的触发电平位置。17—通道 1 的波形；18—两条水平蓝色虚线指示光标测量的水平光标位置；19—通道 2 的波形；20—显示相应通道的测量项目与测量值；21—图标表示相应通道所选择的触发类型；22—下方菜单的通道标识；23—当前存储深度；24—触发频率显示对应通道信号的频率；25—当前采样率；26—读数分别表示相应通道的电压挡位及零点位置；27—读数表示主时基设定值；28—光标测量窗口；29—蓝色指针；30—黄色指针

(9) 图标表示相应通道所选择的触发类型 21，例如，“$\lrcorner\!\!\ulcorner$”表示在边沿触发的上升沿处触发；读数表示相应通道触发电平的数值。

(10) 读数分别表示相应通道的电压挡位及零点位置 26：“BW”表示带宽限制。图标指示通道的耦合方式：“—”表示直流耦合；“~”表示交流耦合；“$\perp$”表示接地耦合。

(11) 光标测量窗口 28：显示光标的绝对值及各光标的读数。

(12) 蓝色指针 29：表示“CH2”通道所显示波形的接地基准点（零点位置）。如果没有表明通道的指针，说明该通道没有打开。

(13)黄色指针 30：表示“CH1”通道所显示波形的接地基准点(零点位置)。如果没有表明通道的指针，说明该通道没有打开。

实训实施

一、XDS3102A 型数字示波器功能测量

(一)数字示波器自检功能检查

数字示波器的基础操作

在使用数字示波器前，要对示波器做一次快速自检功能检查，以核实本仪器运行是否正常。具体操作步骤如下：

(1)接通仪器电源，长按主机左下方的开关键。

机内继电器将发出轻微的咔嗒声，数字示波器会执行所有自检项目，出现开机画面。按“Utility(功能)”前面板按键，选择下方“功能”菜单项，在左侧功能菜单中选择“校准”，在下方菜单中选择“厂家设置”。默认的探头菜单衰减系数设定值为 ×10。

(2)示波器探头上的开关设定为“ ×10”，并将示波器探头与“CH1”通道连接。

将探头上的插槽对准“CH1”连接器同轴电缆插接件(BNC)上的插头并插入，然后向右旋转并拧紧探头，把探头端部和接地夹接到探头补偿器的连接器上。

(3)按“自动设置”前面板按键。

几秒内，可见到方波显示(1 kHz 频率、5 V 峰—峰值)，如图 5-1-5 所示。

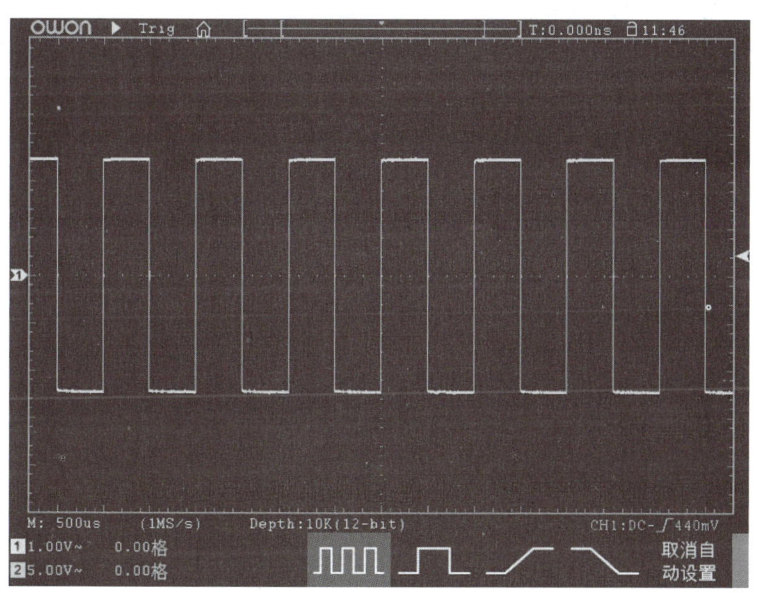

图 5-1-5　自检方波

(4)重复步骤 2 和步骤 3，在“CH2”通道上自检测试一遍。

(二)数字示波器探头补偿操作

在首次将探头与任一输入通道连接时，进行此项调节，应使探头与输入通道相配。未经补偿或补偿偏差的探头会导致测量误差或错误。调整探头补偿按如下步骤：

(1)将探头菜单衰减系数设定为“ ×10”，将探头上的开关设定为“ ×10”，并将数字示波器探头

与"CH1"通道连接(如使用探头钩形头,应确保与探头接触紧密)。将探头端部与探头补偿器的信号输出连接器相连,基准导线夹与探头补偿器的地线连接器相连,然后按"自动设置"前面板按键。

(2)检查所显示的波形,调节探头,直到补偿正确,图 5-1-6 为探头补偿显示波形说明,图 5-1-7 为探头调整说明。

(三)数字示波器探头衰减系数设定操作

探头有多种衰减系数,它们会影响示波器垂直挡位因数。改变(检查)数字示波器菜单中探头衰减系数设定值的操作步骤如下:

(1)按所使用通道的功能菜单按键("CH1"键或"CH2"键)。

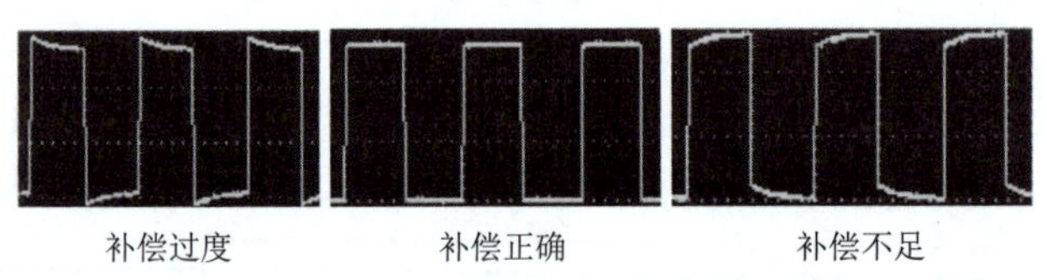

图 5-1-6 探头补偿显示波形

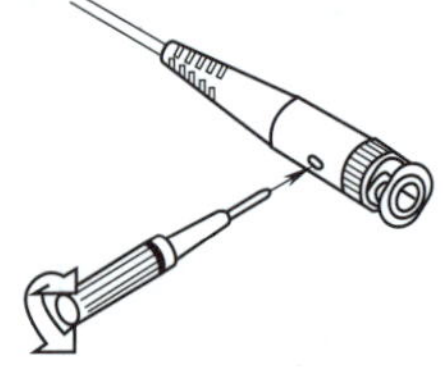

图 5-1-7 探头调整

(2)在下方菜单中选择"探头",在右侧菜单中选择"衰减",转动"通用"旋钮选择所需的衰减系数。该设定在再次改变前一直有效。

小提示

示波器出厂时菜单中的探头衰减系数的预定设置为"×10"。需确认在探头上的衰减开关设定值与示波器菜单中的探头衰减系数选项相同。探头开关的设定值为"×1"和"×10",如图 5-1-8 所示。当衰减开关设定在"×1"时,探头将示波器的带宽限制在 5 MHz。欲使用示波器的全带宽时,务必将开关设定为"×10"。

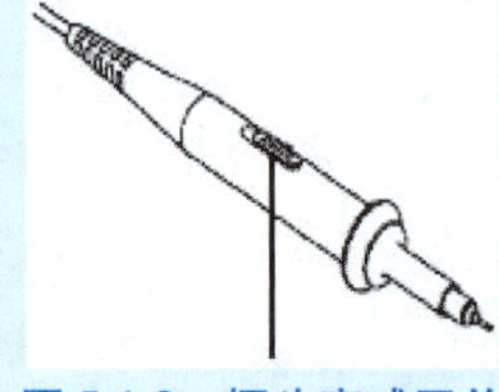

图 5-1-8 探头衰减开关

(四)数字示波器自校正操作

数字示波器自校正程序可迅速地使示波器达到最佳状态,以取得最精确的测量值。若要进行自校正,应将所有探头或导线与输入连接器断开,然后按"Utility"键,在下方菜单中选择"功能",在左侧菜单中选择"校准",在下方菜单中选择"自校正",确认准备就绪后执行。

(五)数字示波器垂直系统操作

如图 5-1-9 所示,在"垂直"控制区有一系列的按键和旋钮,"垂直"设置的使用操作如下。

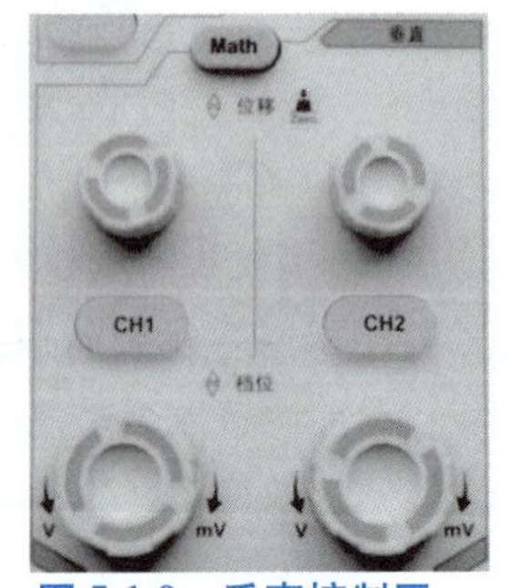

图 5-1-9 垂直控制区

1. 使用“垂直位移”旋钮在波形窗口居中显示信号

“垂直位移”旋钮控制信号的垂直显示位置。当转动“垂直位移”旋钮时，指示通道“接地基准点”的指针跟随波形而上下移动。

> **小提示**
>
> 测量技巧：如果通道耦合方式为“DC”，可以通过观察波形与信号地之间的差距来快速测量信号的直流分量。如果耦合方式为“AC”，信号里面的直流分量被滤除。这种方式方便用更高的灵敏度显示信号的交流分量。

2. 双模拟通道中垂直位移恢复到零点的快捷键

转动“垂直位移”旋钮不但可以改变通道的垂直显示位置，按下该旋钮可以使通道垂直显示位置恢复到零点。

3. 改变垂直设置，并观察因此导致的状态信息变化

通过波形窗口下方的状态栏显示的信息来确定任何通道垂直挡位因数的变化。

(1)转动“垂直挡位”旋钮改变“垂直挡位因数(电压挡位)”，可以发现状态栏对应通道的挡位因数显示发生了相应的变化。

(2)按 “CH1”“CH2”和“Math”键，屏幕显示对应通道的操作菜单、标志、波形和挡位因数等状态信息。

(六)数字示波器水平系统操作

如图 5-1-10 所示，在水平控制区有一个按键和两个旋钮。水平时基设置步骤如下。

1. 转动“水平挡位”旋钮改变水平时基设置

转动“水平挡位”旋钮改变水平时基，可以发现状态栏对应“水平时基”的显示同时会发生相应的变化。

2. 转动“水平位移”旋钮调整信号在波形窗口的水平位移

“水平位移”旋钮控制信号的触发水平位移，转动“水平位移”旋钮时，可以观察到波形随旋钮而水平移动。

3. 触发点位移恢复到水平零点快捷键

“水平位移”旋钮不但可以通过转动调整信号在波形窗口的水平位移，按下该键可以使触发位移恢复到水平零点处。

4. 按水平“HOR”键

可在正常模式和波形缩放模式之间切换。

(七)数字示波器触发系统操作

如图 5-1-11 所示，在“触发控制区”有一个旋钮和两个按键。“触发系统设置”操作如下。

(1)按“触发菜单”键，调出触发菜单，通过选择相应菜单，可以改变触发的设置。

(2)使用“触发电平”旋钮改变触发电平设置。

转动“触发电平”旋钮，可以发现屏幕上触发指针随旋钮转动而上下移动。在移动触发指针的同时，可以观察到在屏幕上触发电平的数值显示发生了变化。

(3)按“强制触发”键，强制产生一触发信号，主要应用于触发方式中的“正常”和“单次”模式。

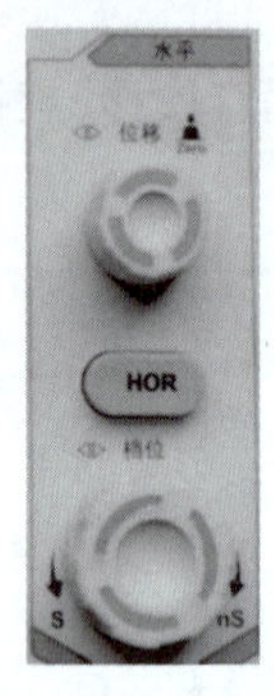

图 5-1-10 水平控制区

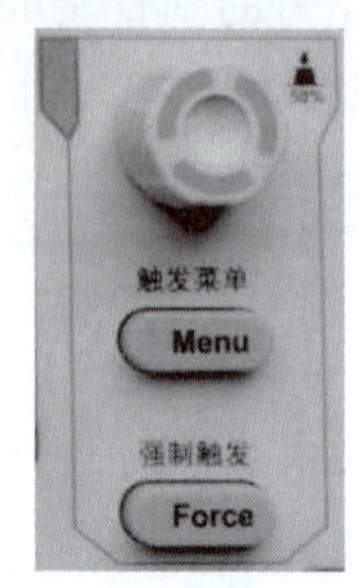

图 5-1-11 触发控制区

小提示

转动"触发电平"旋钮不但可以改变触发电平值,还可以通过按下该旋钮作为设定触发电平在触发信号幅度的垂直中点的快捷键。

二、XDS3102A 型数字示波器参数测量

(一)用数字示波器测量电压

1. 测量交流电压

小提示

交流电压测量原理:

使用数字示波器测量交流电压的最大优点是可以直接观测到波形的形状,可看到波形是否失真,还可显示其频率和相位。但是使用数字示波器只能测量交流电压的峰—峰值,或任意两点之间的电位差值,无法直接读取其有效值或平均值是数求得的。被测交流电压峰—峰值 U_{P-P} 为

$$U_{P-P} = h \times D_y \tag{5-1}$$

式中 h——被测交流电压波峰和波谷的高度,也是被观测的任意两点信号电平间的高度;

D_y——示波器的垂直偏转因数。

若使用带衰减的探头,应考虑探头衰减系数 k。此时,被测交流电压的峰-峰值为

$$U_{P-P} = h \times D_y \times k \tag{5-2}$$

(1)首先应将待测信号送至示波器的垂直输入端。

(2)将数字示波器的输入耦合开关选择"AC"挡。

(3)调节扫描速度使波形稳定显示。

(4)调节垂直灵敏度开关,使荧光屏上显示 1 ~ 2 个周期的完整波形,记录 D_y 值。

(5)读出被测交流电压波峰和波谷的高度 h。

(6)计算被测交流电压的峰—峰值。

(7)使用时请注意安全用电,完成接线后请老师检查后方可通电。

2. 测量直流电压

小提示

直流电压测量原理：

数字示波器测量直流电压的原理是利用被测电压在屏幕上呈现一条直线，该直线偏离时间基线(零电平线)的高度与被测电压的大小成正比的关系进行的。被测直流电压值 U_{DC} 为

$$U_{DC} = h \times D_y \tag{5-3}$$

式中 h——被测直流信号线的电压偏离零电平线的高度；

D_y——数字示波器的垂直偏转因数。

若使用带衰减的探头，应考虑探头衰减系数 k。此时，被测直流电压值为

$$U_{DC} = h \times D_y \times k \tag{5-4}$$

(1)首先应将待测信号送至示波器的垂直输入端。

(2)确定零电平线。

(3)将数字示波器的输入耦合开关选择“DC”挡，确定直流电压的极性。

(4)读出被测直流电压偏离零电平线的距离 h。

(5)调节垂直灵敏度开关，使荧光屏上显示的波形适当，记录 D_y 值。

(6)计算被测直流电压值。

(二)用数字示波器测量频率和时间

线性扫描时，若扫描电压线性变化的速率和 X 放大器的电压增益一定，那么扫描速度也为定值，示波器荧光屏的水平轴就是时间轴，这样可用示波器直接测量整个波形(或波形任何部分)持续的时间。

小提示

频率和时间测量原理

对于周期信号，周期和频率互为倒数，只要测出其中的一个量，另一个参量可通过公式 $f = 1/T$ 求出。用数字示波器测量时间与用数字示波器测量电压的原理相同，它们的区别在于测量时间要着眼于 x 轴系统。被测交流信号的周期 T 为

$$T = x \cdot D_x \tag{5-5}$$

式中 x——被测交流信号的一个周期在荧光屏水平方向所占的距离；

D_x——示波器的扫描速度。

若使用了 x 轴扩展倍率开关，应考虑扩展倍率 k_x 的使用。此时，被测交流信号的周期为

$$T = x \cdot D_x / k_x \tag{5-6}$$

(1)将待测信号送至示波器的垂直输入端。

(2)将数字示波器的输入耦合开关置于“AC”位置。

(3)调节扫描速度开关，记录 D_x 值。

(4)读出被测交流信号的一个周期在荧光屏水平方向所占的距离 x。

(5)计算被测交流信号的周期。

(三)用数字示波器测量相位

相位的测量实际是相位差的测量,因为信号 $U_m\sin(\omega t+\varphi)$ 的相位($\omega t+\varphi$)是随时间变化的,测量绝对的相位差是无意义的。因此,具有实际意义的相位测量是指两个同频率的正弦信号之间的相位差的测量。使用双踪示波法测量相位的操作方法如下。

将被测量的两个信号 A 和 B 分别接到数字示波器的两个输入通道"CH1"和"CH2",数字示波器的设置为双踪显示方式,调节有关旋钮,使荧光屏上显示两条大小适中的稳定波形,先利用荧光屏上的坐标测出信号的一个周期在水平方向上所占的长度 x_T ,然后再测量两波形上对应点(如过零点、峰值点等)之间的水平距离 x,则两信号的相位差为

$$\Delta\varphi=\frac{x}{x_T}\times 360° \tag{5-7}$$

式中 x——两波形上对应点之间的水平距离;

x_T ——被测信号的一个周期在水平方向上所占的距离。为减小测量误差,还可取波形前后测量的平均值 $x=\frac{x_1+x_2}{2}$ 。

用这种方法测相位差时应该注意,只能用其中一个信号去触发另一路信号,最好选择其中幅度较大的那一个,而不要用多个信号去分别触发,以便提供一个统一的参考点进行比较。

尽管可以采用一些措施减小误差,但是由于光迹聚焦不可能非常细,读数时又有一定误差,使用双踪示波法测量相位差的准确度是不高的,尤其是相位差较小时误差更大。

三、记录实训测量数据

1. 观测数字示波器内的校准信号

用机内信号(方波频率 $f=1$ kHz,电压峰—峰值 5 V)对数字示波器进行自检,并将数据记入表 5-1-1 中。

表 5-1-1 数字示波器内的校准信号测量数据

	标准值	偏转格数	偏转因子	示波器测量值
峰—峰值	5 V			
周期				
频率	1 kHz			

2. 测量电压信号

分别测量直流 2.5 V 和 15 V 电压信号,测量数据记入表 5-1-2 中。

表 5-1-2 数字示波器测量直流电压数据

稳压电源输出值	偏转格数	垂直偏转因子	示波器测量值
2.5 V			
15 V			

实训成绩评定(表 5-1-3)

表 5-1-3　数字示波器使用的成绩评定标准

考核要求	熟练使用仪器及实验箱,并能独立完成参数测量	熟练使用仪器及实验箱,并能小组合作完成参数测量	基本掌握使用仪器及实验箱,配合小组成员完成参数测量	基本掌握使用仪器及实验箱,无法掌握参数测量方法	无法掌握本项目实操训练内容或误操作损坏实训设备
评分标准	A^+	A	B^+	B	C
实操得分					

实训报告

1. 简述 XDS3102A 型数字示波器的使用方法。
2. 总结 XDS3102A 型数字示波器的操作注意事项。
3. 记录实验数据。
4. 其他(包括实验的心得、体会等)。

实训二　函数波发生器及数字交流毫伏表的使用

实训目标

1. 了解函数波发生器及数字交流毫伏表的性能、结构。
2. 掌握函数波发生器及数字交流毫伏表的测量原理。
3. 熟练掌握用函数波发生器及数字交流毫伏表配合数字示波器测量低频小信号电路参数的测量方法。

实训内容

学习函数波发生器及数字交流毫伏表的测量操作方法,并能使用仪表测量电路参数。

实训工具、仪表和仪器

1. 仪表:数字万用表
2. 仪器:电子电路实验箱(函数波发生器)、XDS3102A 型数字示波器、HG193 型数字交流毫伏表
3. 连接导线若干(根据实际情况准备)

相关知识

一、函数波发生器

在电子电路中,一般所采用的电源是由函数波发生器提供,其主要特点是可以提供不同频率的正弦信号或方波信号。本实训主要介绍电子电路实验箱自带的函数波发生器。

如图 5-2-1 为函数波发生器的面板结构。

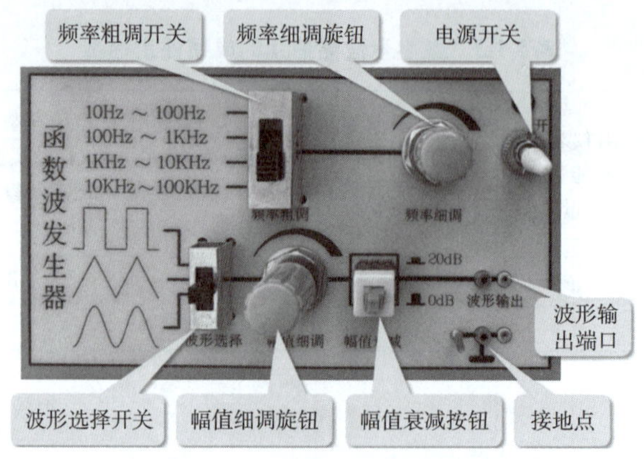

图 5-2-1 函数波发生器的面板结构

(1)函数波发生器通过“波形选择”开关可按需要输出正弦波、方波、三角波三种信号波形。

(2)函数波发生器通过“幅值衰减”按钮和“幅值细调”旋钮,可使输出电压在 0 mV ~ 5.6 V 级范围内连续调节。“幅值衰减”按钮可对输出电压信号进行 0 或 20 dB 衰减。

(3)函数波发生器的输出信号频率可以通过“频率粗调”开关和“频率细调”旋钮进行调节。

二、HG1931 型数字交流毫伏表

数字交流毫伏表用来测量小信号正弦交流电压的有效值。图 5-2-2 为数字交流毫伏表的面板结构。

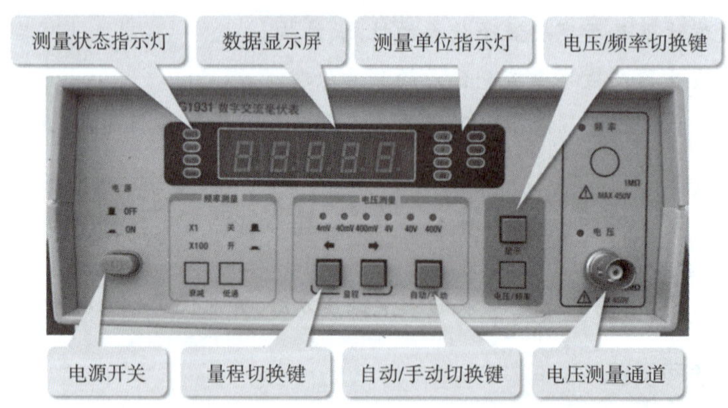

图 5-2-2 数字交流毫伏表的面板结构

(1)此型号数字交流毫伏表测量电压的范围是:100 μV ~ 400 V;测量电压的频率范围是:5 Hz ~ 3 MHz。当测量大于 36 V 的电压信号时,要注意测量安全,以免造成触电事故及损坏仪器。

(2)被测量电压信号用测量电缆线经“电压测量通道”接入数字交流毫伏表。

(3)测量时默认采用自动测量方式,被测电压一经接入仪器,数据显示屏上自动显示被测量电压大小,同时自动显示测量值单位。

(4)此型号数字交流毫伏表具有电压测量和频率测量两种功能,默认测量方式为电压测量功能,要测量频率需按“电压/频率”键进行切换。

实训实施

一、观测正弦波信号

（1）通过导线（探针），将函数波发生器的波形输出端口与数字示波器的“CH1”通道相连。

（2）函数波发生器选择“正弦波”输出。通过相应调节，使输出频率分别为 350 Hz、1.5 kHz 和 10 kHz（由数字交流毫伏表的频率计功能读出）。再调节输出幅值分别为有效值 0.5 V、1 V 和 3 V（由数字交流毫伏表读得）。调节数字示波器 y 轴和 x 轴灵敏度至合适的位置，从数字示波器上读得幅值及周期，记入表 5-2-1 ~ 表 5-2-3 中。

小提示

使用时请注意安全用电，完成接线后请老师检查后方可通电。

表 5-2-1　正弦波信号测量数据（1）

频率计读数测定项目	正弦波信号频率的测定		
	350 Hz	1 500 Hz	10 000 Hz
水平扫描速度			
一个周期占有的格数			
信号周期（s）			
计算所得频率（Hz）			

表 5-2-2　正弦波信号测量数据（2）

交流毫伏表读数	正弦波信号幅值的测定		
	0.5 V	1 V	3 V
垂直偏转因子			
峰—峰值波形格数			
峰—峰值			
计算所得有效值			

表 5-2-3　正弦波信号测量数据（3）

函数波发生器	毫伏表测量值	示波器读数		
		周期	峰-峰值	有效值
500 Hz	1.5 V			
1 000 Hz	1 V			
3 000 Hz	0.5 V			
10 000 Hz	2 V			

二、测量两波形间的相位关系

1. 观察双踪显示波形“交替”与“断续”两种显示方式的特点。

两个通道均不加输入信号，扫速开关置扫速较低挡位（如 0.5 s/div 挡）和扫速较高挡位（如

5 μs/div挡），把“显示方式”开关分别置于“断续”位置，观察两条扫描线的显示特点，记录。

2. 用双踪显示测量两波形间的相位关系

（1）按图 5-2-3 连接实验电路，将函数波发生器的输出电压调至频率为 1 kHz、幅值为 2 V 的正弦波，经 RC 移相网络获得频率相同但相位不同的两路信号 U_i 和 U_r，分别加到数字示波器的“CH1”和“CH2”输入端。

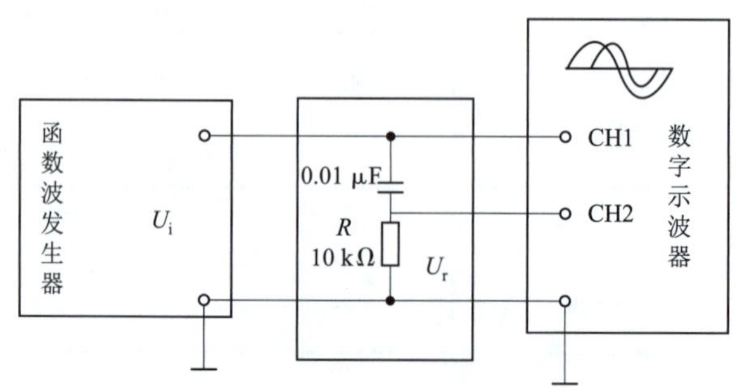

图 5-2-3　两波形间相位差测量电路

（2）把显示方式开关置“交替”挡位，将“CH1”和“CH2”输入耦合方式开关置“⊥”挡位，调节“CH1”和“CH2”的“↑”“↓”移位旋钮，使两条扫描基线重合，再将“CH1”和“CH2”输入耦合方式开关置“AC”挡位，调节扫速开关及“CH1”和“CH2”灵敏度开关位置，同时将内触发源选择开关拉出，此时在荧光屏上将显示出 U_i 和 U_r 两个相位不同的正弦波形如图 5-2-4 所示，则两波形相位差 Q 为

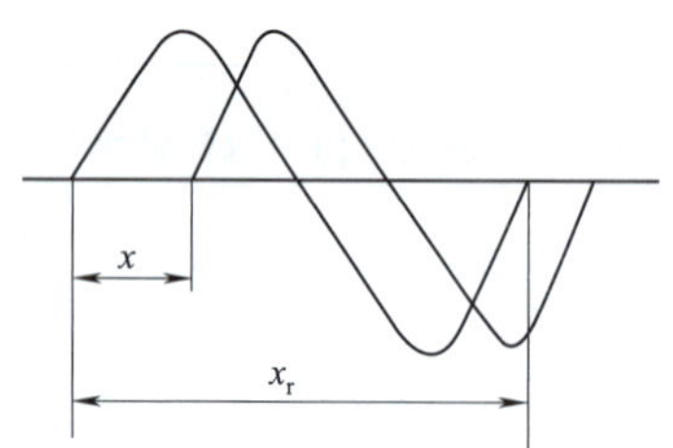

图 5-2-4　两个相位不同的正弦波形

$$Q = \frac{x}{x_r} \times 360° \tag{5-8}$$

式中　x_r——一个周期所占刻度格数；

x——两波形在 x 轴方向差距格数。

记录两波形相位差于表 5-2-4 中，并计算相位差。

表 5-2-4　两波形相位差测量数据

	一个周期格数	两波形 x 轴差距格数	相位差	
			实测值	计算值
总电压与总电流	x_r =	x =	Q =	Q =
电容上电压与电流	x_r =	x =	Q =	Q =

为读数和计算方便，可适当调节扫速开关及微调旋钮，使波形一周期占整数格。

实训成绩评定(表 5-2-5)

表 5-2-5　函数波发生器、数字交流毫伏表和数字示波器综合使用的成绩评定标准

考核要求	熟练使用三种仪器及实验箱,并能独立完成电路连接、参数测量	熟练使用三种仪器及实验箱,并能小组合作完成电路连接、参数测量	基本掌握使用三种仪器及实验箱,配合小组成员完成电路连接、参数测量	基本掌握使用三种仪器及实验箱,无法掌握参数测量方法	无法掌握本实训内容或误操作损坏实训设备
评分标准	A^+	A	B^+	B	C
实操得分					

实训报告

1. 简述函数波发生器和数字交流毫伏表的使用方法。
2. 总结函数波发生器和数字交流毫伏表操作注意事项。
3. 记录实验数据。
4. 其他(包括实验的心得、体会等)。

项目六　电子产品的焊接与制作

项目描述

在电工及电子电路应用中常需要自行焊接、调试电路板，是否具有手工焊接技术就显得很重要。本项目主要是通过对MF47型指针式万用表套件这款电子产品进行焊接及调试练习，从而掌握手工焊接技术的工艺要领。

项目目标

1. 进一步了解MF47型指针式万用表的工作原理，掌握MF47型指针式万用表的使用与调试方法，并学会排除MF47型指针式万用表的常见故障。

2. 掌握手工焊接技术的工艺要领，逐步培养学生在工作中耐心细致，一丝不苟的工作作风。

3. 学会使用常用的电工工具，比如尖嘴钳、剥线钳等；掌握常用开关电器的使用方法及工作原理；了解电子产品的机械结构和机械原理，为后续课程的学习及将来的产品设计开发工作打下一定的基础。

实训一　手工焊接技术

实训目标

1. 掌握手工焊接技术工艺要领。
2. 学会使用常用的电工工具。

实训内容

学习焊接相关知识，并练习焊接。

实训工具、仪表和仪器

1. 工具：常用的电工工具（镊子、尖嘴钳、斜口钳等）、常用的电子电路焊接工具（电烙铁、烙铁架、焊锡等）

相关知识

在电子产品制作中，各个电子元器件和功能部件必须通过锡焊连接起来，锡焊不仅保证了各个元器件之间有可靠的电气连接，而且起着支撑和固定的作用。焊接的过程就是用电烙铁将焊料熔化后，在助焊剂的作用下将电子元器件的端点与导线或印制电路板等牢固地结合在一起。焊接技术是电子产品制作必备的一项基本功，焊接的质量好坏直接影响到电子产品的质量。

电子产品制作中主要使用的是钎焊。按照使用焊料的熔点高于或低于450 ℃的不同,钎焊又分为硬钎焊和软钎焊。锡焊属于软钎焊的一种,它主要是指采用一种低熔点的锡铅焊料进行焊接的方法。本实训所学的手工焊接技术以锡焊为主。

一、手工焊接工具

1. 电烙铁

电烙铁是手工焊接的主要工具,它主要是把电能转换成热能,用来加热元器件及导线,熔化焊锡,使元器件和导线牢固地连接在一起。

(1)外热式电烙铁:由于烙铁头安装在烙铁芯里面,故称为外热式电烙铁。外热式电烙铁一般由烙铁头、烙铁芯、外壳、手柄、电源线等部分组成。图6-1-1为外热式电烙铁外形结构。

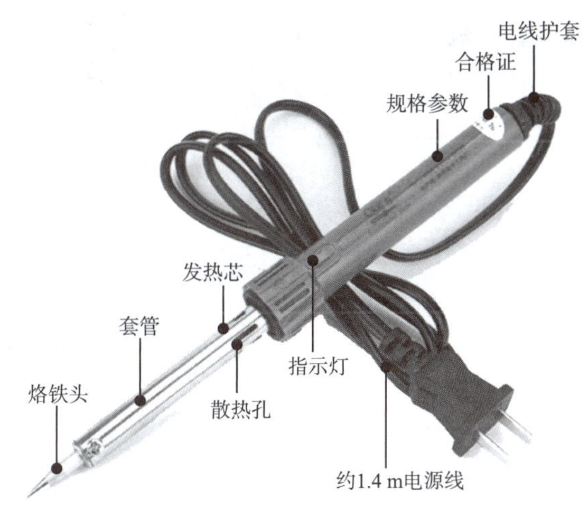

图6-1-1 外热式电烙铁外形结构

(2)恒温式电烙铁:恒温式电烙铁的烙铁头温度是可以控制的,它可以使烙铁头的温度保持在某一恒定温度下。恒温式电烙铁采用的是断续加热,它比普通电烙铁节电50% ,且升温速度快。由于烙铁头始终保持恒温,在焊接过程中焊锡不容易氧化,因此可有效地减少虚焊,提高焊接质量,它的烙铁头也不会产生过热现象,使用寿命长。图6-1-2为恒温式电烙铁外形结构。

2. 吸锡器

吸锡器主要用来配合电烙铁进行拆焊,可将多余的焊锡吸入吸锡器内部的空间内,如图6-1-3(a)所示为典型吸锡器的外形。

手动吸锡器实际上是一个小型手动空气泵,其里面有一个弹簧,使用时,先把吸锡器末端的压杆用力按下,以排出吸锡器内部的空气,直至听到"咔"声卡住为止。然后再用电烙铁对焊点加热,待焊锡熔化后,将吸嘴对准焊点,再用大拇指按下开关,释放吸锡器压杆,此时弹簧推动压杆迅速回到原位,在吸锡器腔内空气负压力的作用下,熔化的焊锡便被吸入到吸锡器内部。若一次未吸干净,可重复上述步骤,直至焊锡全部吸净为止。

3. 各类钳子工具

(1)斜口钳

斜口钳用于剪焊接后的线头,也可与尖嘴钳合用剥导线的绝缘皮。斜口钳的钳头部位为偏斜式的刀口，这种偏斜式的刀口方便斜口钳贴近导线或金属的根部进行剪切，如图 6-1-3(b)所示为斜口钳的外形。常见的斜口钳尺寸有 4 英寸(1 英寸 =2.54 cm)、5 英寸、6 英寸、7 英寸及 8 英寸这 5 种尺寸。在实际操作中，切勿用斜口钳去剪切带电的双股导线，否则可能会导致该线缆连接的设备短路而损坏。

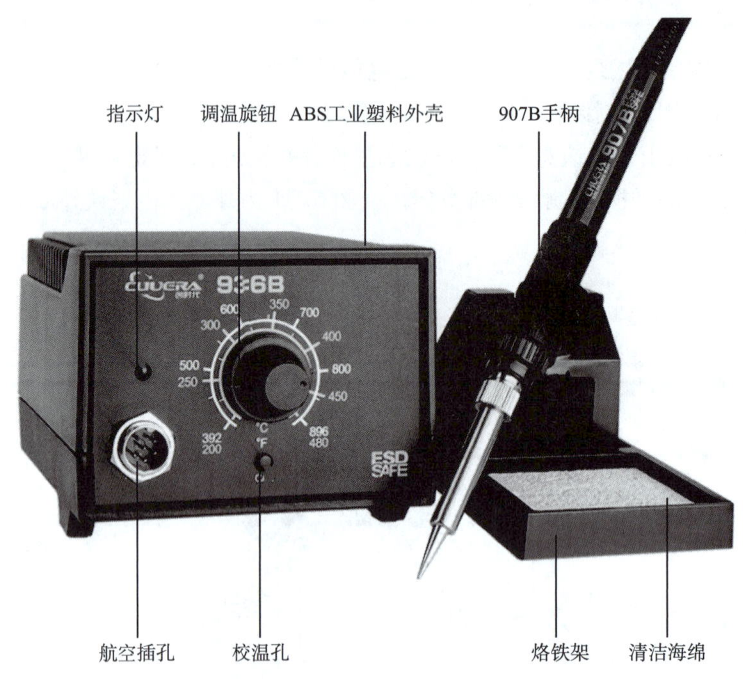

图 6-1-2　恒温式电烙铁外形结构

(2)尖嘴钳

尖嘴钳外形如图 6-1-3(c)所示，和其他钳子相比，它的钳头部细而尖，可以在狭小的空间中进行操作，因此适用于夹小型金属零件和弯曲的元器件引线，特别是在拆装底板时，要在人手伸不进的部位进行操作，就必须使用尖嘴钳。尖嘴钳常用规格为 4～5 英寸，使用时注意不能用尖嘴钳敲打物体或夹持螺母；也不要用尖嘴钳夹捏或切割较大的物体，以防损坏钳口；切记不要将钳头对向自己，以防误伤。

(3)平嘴钳

如图 6-1-3(d)所示，平嘴钳钳口平直，可用于夹弯曲的元器件管脚或导线，因其钳口无纹路，所以适用于将导线拉直和整形。但平嘴钳的钳口较薄，不宜用来夹持螺母或需施力较大的部件。

4. 镊子

镊子是最常用的工具之一，它有尖嘴镊子和圆嘴镊子两种。电子元器件通常比较细小，装配空间也比较狭小，镊子此时就是手指的延伸，主要作用是夹持导线和元器件在焊接时移动，如图 6-1-3(e)所示。此外，用镊子夹持元器件焊接还起到散热的作用，如在焊接二极管和三极管时，为了保护器件不被高温损坏，焊接时可用镊子夹住管脚上方，帮助散热。

5. 焊料

电子元器件在焊接时，必须要有焊料。焊料又称为钎料，是电子产品制作中经常使用的一种材料。焊料是焊接中用来连接被焊金属的易熔金属及其合金，它的熔点低于被焊金属，焊料的好坏直接影响产品的可靠性。

焊料按其组成成分的不同可分为锡铅焊料、铜焊料、银焊料等。在电子元器件焊接中，主要使用锡铅焊料，俗称焊锡，如图 6-1-3（f）所示。在锡铅焊料中，熔点在 450 ℃以下的称软焊料；在 450 ℃以上的称为硬焊料。电子产品焊接一般是用软焊料。

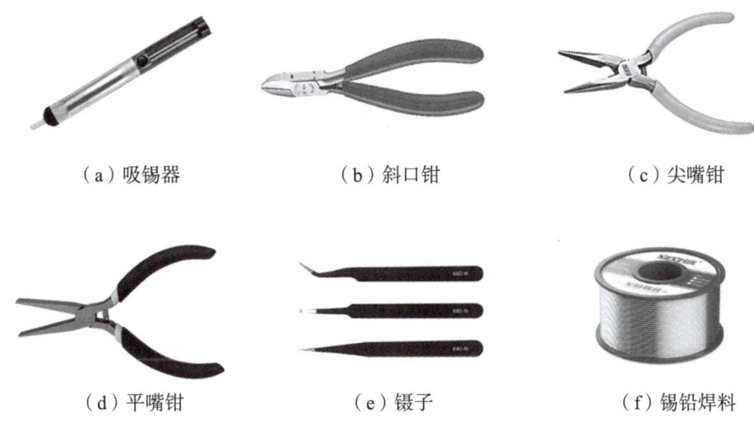

（a）吸锡器　（b）斜口钳　（c）尖嘴钳

（d）平嘴钳　（e）镊子　（f）锡铅焊料

图 6-1-3　各种焊接工具

二、手工焊接技术

（一）焊接前的准备工作

1. 清除元器件表面的氧化层

元器件经过长期存放，会在元器件表面形成氧化层，不但使元器件难以焊接，而且影响焊接质量。因此当元器件表面存在氧化层时，应首先清除元器件表面的氧化层。注意用力不能过猛，以免使元器件管脚受伤或折断。

清除元器件表面的氧化层的方法如图 6-1-4 所示，左手捏住电阻或其他元器件的本体，右手用锯条轻刮元器件管脚的表面，左手慢慢地转动，直到表面氧化层全部去除。

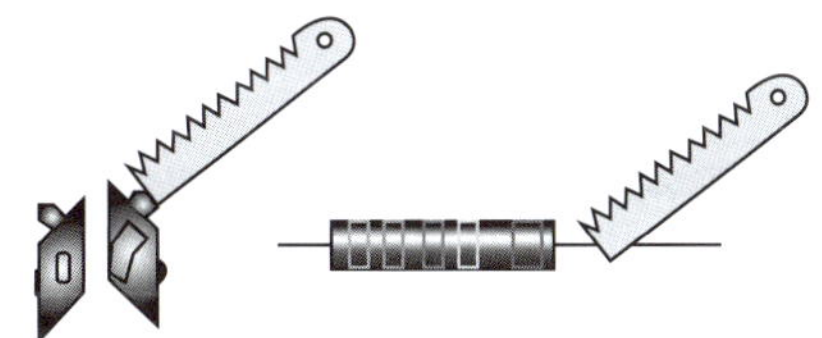

图 6-1-4　清除元器件表面的氧化层方法

2. 元器件管脚的弯制成形

（1）左手用镊子紧靠电阻的本体，夹紧元器件的管脚如图 6-1-5，使管脚的弯折处距离元器件的本体有 2 mm 以上的间隙。左手夹紧镊子，右手食指将管脚弯成直角。

> **小提示**
>
> *注意：不能用左手捏住元器件本体，右手紧贴元器件本体进行弯制，这样管脚的根部在弯制过程中容易受力而损坏。*

（2）元器件弯制后的形状如图 6-1-6 所示。管脚之间的距离根据电路板孔距而定，管脚修剪后的长度大约为 8 mm[图 6-1-6 中(a)、(b)]。如果孔距较小，元器件较大，应将管脚往回弯折成形[图 6-1-6 中(c)、(d)]。

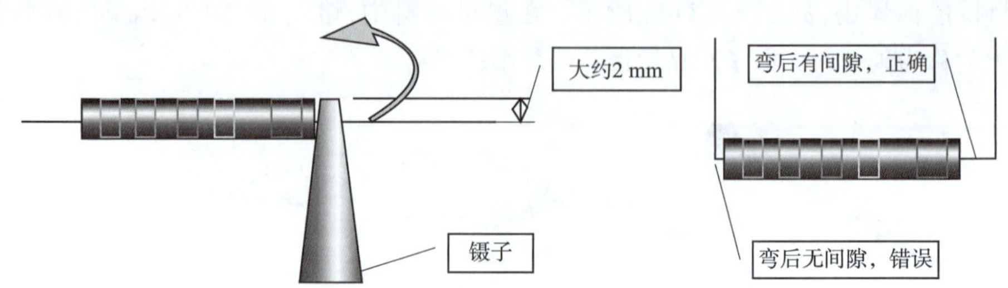

图 6-1-5　元器件管脚的弯制成形方法

电容的管脚可以弯成直角，将电容水平安装[图 6-1-6(e)]；或弯成梯形，将电容垂直安装[图 6-1-6(h)]。

二极管可以水平安装，当孔距很小时应垂直安装[图 6-1-6(i)]，为了将二极管的管脚弯成美观的圆形，应用平嘴钳辅助弯制。将平嘴钳紧靠二极管管脚的根部，十字交叉，左手捏紧交叉点，右手食指将管脚向下弯，直到两管脚平行。

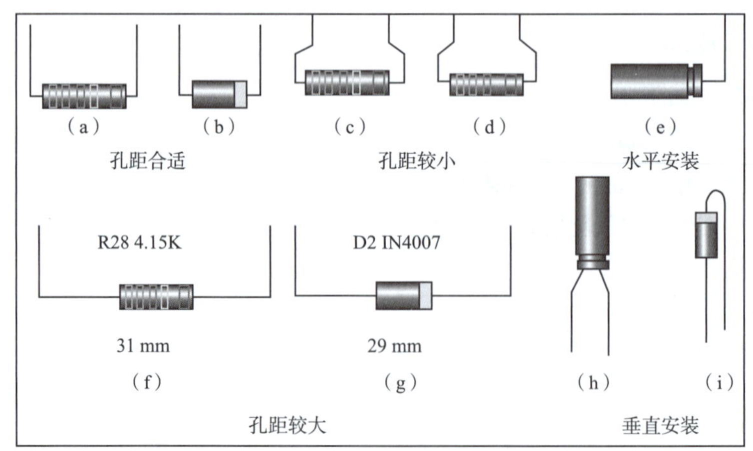

图 6-1-6　元器件弯制后的形状

(3)有的元器件安装孔距离较大，应根据电路板上对应的孔距弯曲成形(图 6-1-7)。

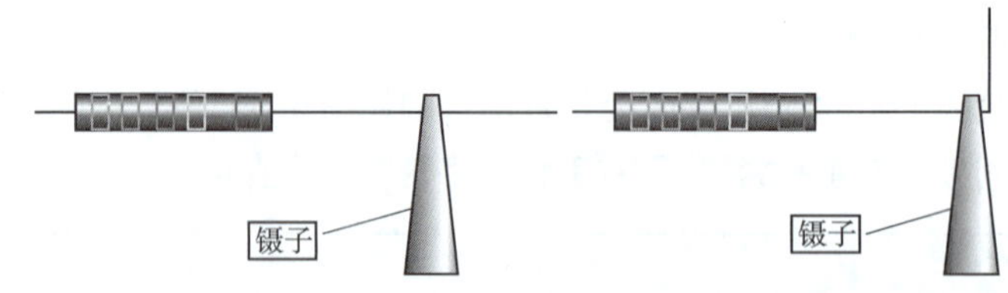

图 6-1-7　孔距较大时元器件管脚的弯制成形

(4)元器件管脚弯好后应按规格型号的标注方法进行读数。将胶带轻轻贴在纸上，把元器件插入、贴牢，写上元器件规格型号值，然后将胶带贴紧备用(图 6-1-8)。

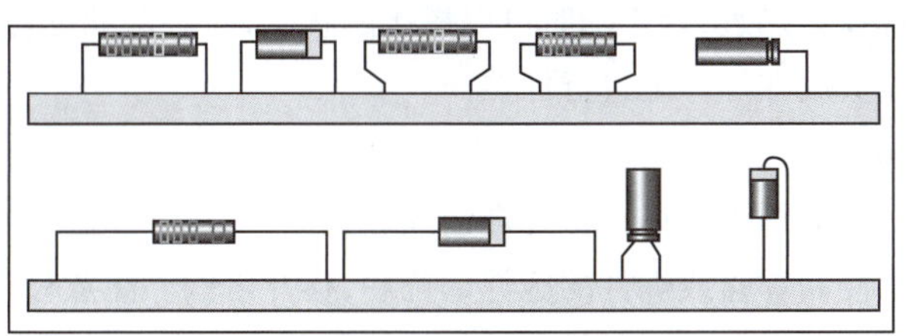

图 6-1-8 元器件制成后标注规格型号备用

(二)焊接操作方法

1. 焊锡丝的拿法

经常使用烙铁进行锡焊的,一般是将成卷的焊锡拉直,然后截成一尺长(约 33.3 cm)左右的一段。焊锡丝有两种拿法,如图 6-1-9 所示。连续焊接时,用左手的拇指、小指和食指夹住焊锡丝,另外两个手指配合,就能把焊锡丝连续向前送进。断续焊接时,只用拇指和食指拿住焊丝送锡,不能连续送。

图 6-1-9 焊锡丝的拿法

2. 电烙铁的握法(图 6-1-10)

(1)反握法:用整只手握紧烙铁,虎口靠近导线,拳眼靠近烙铁头。一般在操作台上焊接电路板时使用这种握法。

(2)正握法:四指握住烙铁,大拇指压在烙铁柄上,指向烙铁头方向,拳眼靠近导线。这种握法适于中功率烙铁或带弯头电烙铁的操作。

(3)握笔法:手形类似握笔。这种方法动作稳定,长时间操作不易疲劳,适用于大功率烙铁的操作。

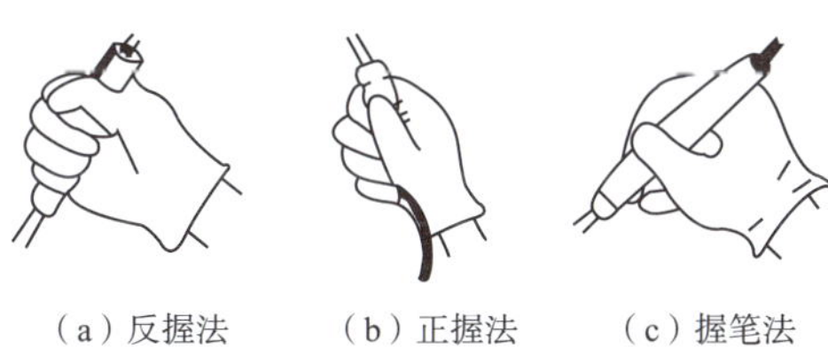

(a)反握法 (b)正握法 (c)握笔法

图 6-1-10 电烙铁握法

3. 焊接操作基本步骤

(1)下面介绍五步操作,如图 6-1-11 所示。

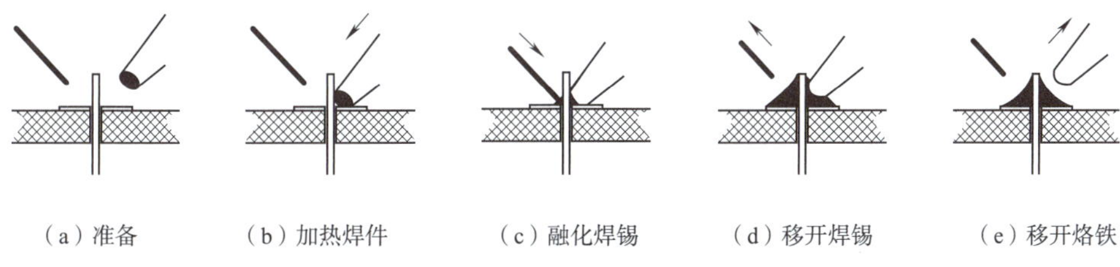

(a)准备 (b)加热焊件 (c)融化焊锡 (d)移开焊锡 (e)移开烙铁

图 6-1-11 焊接操作基本步骤(五步法)

①准备:烙铁头和焊锡丝靠近,处于随时可以焊接的状态,同时认准位置。

②加热焊件:将烙铁头放在焊件上进行加热。

③熔化焊锡:将焊锡丝放在焊件上,熔化适量的焊锡。

④移开焊锡:熔化适量的焊锡后迅速移开焊锡丝。

⑤移开烙铁:当焊锡浸润焊盘或焊件的施焊部位后,移开烙铁。注意移开烙铁的速度和方向。

上述的五步可以用数数的方法控制时间,即烙铁接触焊点后数一二(约 2 s),送入焊锡丝后数三四(约 2 s),即移开烙铁。

(2)对于热容量较小的焊件,如:电路板与较细导线的连接,可以用三步法(图 6-1-12)。

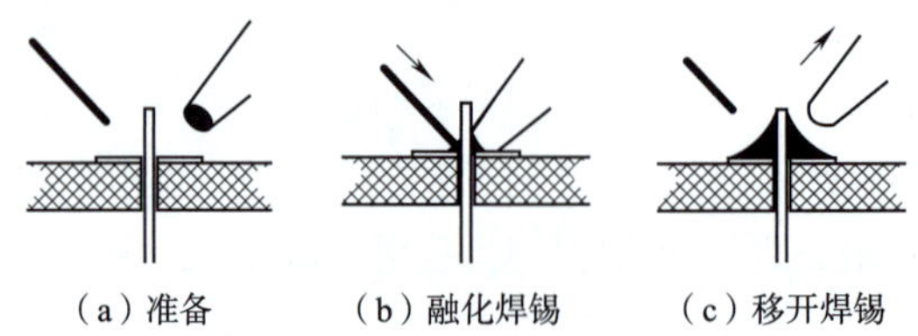

图 6-1-12　焊接操作基本步骤(三步法)

如图 6-1-12 所示三个步骤整个过程 2 ~4 s 内完成,各步时间的控制、时序的准备掌握、动作协调熟练,都是通过实践解决的。

> **小提示**
>
> 焊接时的注意事项:
>
> (1)焊剂加热挥发出的化学物质是对人体有害的,一般烙铁离开鼻子的距离至少要大于 20 cm,通常以 30 cm 为宜。
>
> (2)电烙铁用后一定要稳妥地放于烙铁架上,并注意导线等物不要碰烙铁。
>
> (3)由于焊锡丝成分中,含有铅类重金属,因此操作时要戴手套或操作后洗手,避免食入。

4. 焊点的质量

(1)焊点的正确(错误)形状—正视(图 6-1-13)

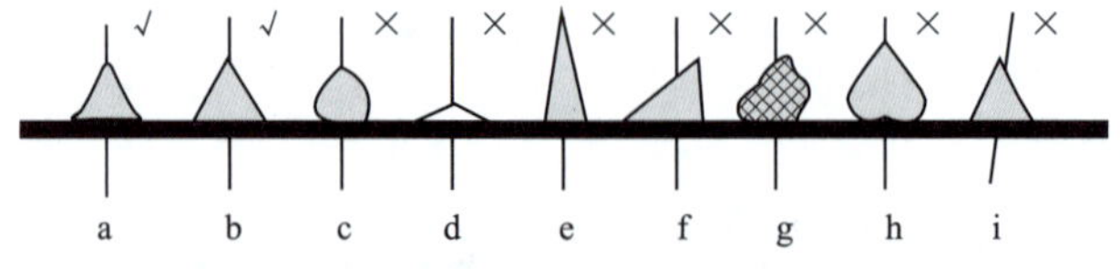

图 6-1-13　焊点的正确(错误)形状—正视

焊点 a 焊接比较牢固;焊点 b 为理想状态(一般不易焊出这样的形状);焊点 c 焊锡较多,当焊盘较小时,可能会出现这种情况,但是往往有虚焊的可能;焊点 d、e 焊锡太少;焊点 f 提烙铁时方向不合适,造成焊点形状不规则;焊点 g 烙铁温度不够,焊点呈碎渣状,这种情况多数为虚焊;焊点 h 焊盘与焊点之间有缝隙为虚焊或接触不良;焊点 i 管脚放置歪斜。

 小提示

一般形状不正确的焊点，元器件多数没有焊接牢固，为虚焊点，应重焊。

(2)焊点的正确(错误)形状—俯视(图 6-1-14)

焊点 a、b 形状圆整，有光泽，焊接正确；焊点 c、d 温度不够，或抬烙铁时发生抖动，焊点呈碎渣状；焊点 e、f 焊锡太多，将不该连接的地方焊成短路。

焊接时一定要注意尽量把焊点焊得美观、牢固。

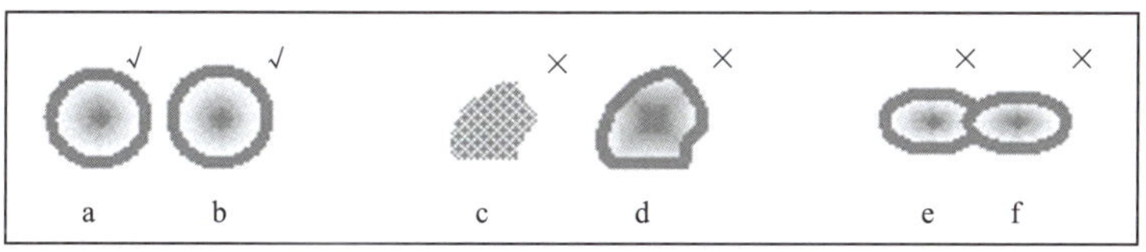

图 6-1-14 焊点的正确(错误)形状—俯视

5. 焊错元器件的拔除(拆焊)

(1)当元器件焊错时，要将焊错元器件拔除，要先检查焊错的元器件应该焊在什么位置、正确位置的管脚长度是多少；如果管脚较短，为了便于拔出应先将管脚剪短。

(2)在烙铁架上清除烙铁头上的焊锡，将电路板(或焊接练习板)焊接面朝上，用烙铁将元器件管脚上的锡尽量刮除，然后将电路板(或焊接练习板)竖直放置，用镊子从安装面将元器件管脚轻轻夹住，在焊接面用烙铁轻轻烫，同时用镊子将元器件向相反方向拔除。

(3)拔除后，焊盘孔容易堵塞，有两种方法可以解决这一问题。

①烙铁稍烫焊盘，用镊子夹住一根废元器件管脚，将堵塞的孔通开。

②将元器件做成正确的形状，并将管脚剪到合适的长度，镊子夹住元器件，放在被堵塞孔的安装面，用烙铁在焊盘上加热，将元器件推入焊盘孔中。

 小提示

注意：用力要轻及不能重复加热焊点，容易造成焊盘脱落。

实训实施

焊接前一定要注意，烙铁的插头必须插在右手的插座上，不能插在靠左手的插座上(如果是左撇子就插在左手边)。烙铁通电前应将烙铁的电线拉直并检查电线的绝缘层是否有损坏，不能使电线缠在手上。

 小提示

注意：通电后应将电烙铁插在烙铁架中，并检查烙铁头是否会碰到电线、书包或其他易燃物品。烙铁加热过程中及加热后都不能用手触摸烙铁的发热金属部分，以免烫伤或触电。

1. 烙铁头的保护

为了便于使用,烙铁在每次使用前都要进行整修,将烙铁头上的黑色氧化层锉去,露出铜的本色,在烙铁加热的过程中要注意观察烙铁头表面的颜色变化,随着颜色的变深,烙铁的温度渐渐升高,这时要及时把焊锡丝点到烙铁头上,焊锡丝在一定温度时熔化,将烙铁头镀锡,保护烙铁头,镀锡后的烙铁头为白色。

2. 烙铁头上多余锡的处理

如果烙铁头上挂有很多锡,不易焊接,可在烙铁架中带水的海绵上或者在烙铁架的钢丝上抹去多余的锡,不可在工作台或者其他地方抹去。

3. 在焊接练习板上做焊接练习

焊接练习板是一块焊盘排列整齐的电路板,学生要将一根 0.5 mm 单芯导线的线芯剥出,把它从焊接练习板的小孔中插入,练习板放在焊接木架上,从右上角开始,排列整齐,进行焊接操作练习(图 6-1-15)。

焊接时先将电烙铁在电路板上加热,大约 2 s 后,送焊锡丝,观察焊锡量的多少,不能太多,造成堆焊;也不能太少,造成虚焊。当焊锡熔化,发出光泽时焊接温度最佳,应立即将焊锡丝移开,再将电烙铁移开。为了在加热中使加热面积最大,要将烙铁头的斜面靠在元器件管脚上(图 6-1-16),烙铁头的顶尖抵在电路板的焊盘上。焊点高度一般在 2 mm 左右,直径应与焊盘相一致,管脚应高出焊点大约 0.5 mm。

图 6-1-15　焊接操作练习

图 6-1-16　焊接时电烙铁的正确位置

> **小提示**
>
> (1)练习时注意不断总结经验,把握加热时间、送锡多少,不可在一个焊点加热时间过长,否则会使电路板的焊盘烫坏。注意应尽量排列整齐,以便前后对比,改进不足。
>
> (2)焊接练习时要注意人身安全,如烫伤要立即用凉水冲洗伤口,严重时要及时就医治疗。
>
> (3)使用前应检查焊接工具是否完好可用,使用中如有破损要及时维修或更换。
>
> (4)操作时注意用电安全、遵守安全规程。

4. 焊接后的处理

焊接结束后,要清理焊接练习板的焊接部位,将多余管脚及废渣清除干净。同时检查焊点是否牢靠、是否虚焊。

实训成绩评定(表 6-1-1)

表 6-1-1　焊接练习成绩评定标准

考核要求	熟练掌握使用烙铁等工具进行焊接,并且焊点美观,符合要求	掌握使用烙铁等工具进行焊接,并且焊点美观,符合要求	基本掌握使用烙铁等工具进行焊接,并且焊点合格,符合要求	基本掌握使用烙铁等工具进行焊接,并且焊点合格,基本符合要求	无法掌握本项目实操训练内容或误操作损坏焊接工具
评分标准	A⁺	A	B⁺	B	C
实操得分					

实训报告

1. 手工焊接技术的各项要点。
2. 总结手工焊接技术的各项注意事项。
3. 其他(包括实验的心得、体会等)。

实训二　MF47 型指针式万用表的组装与调试

实训目标

1. 通过前期的手工焊接练习,能达到熟练焊接电路板的技术水平。

2. 通过对 MF47 型指针式万用表组装套件焊接、安装,掌握对 MF47 型指针式万用表的调试及基本维修方法。

实训内容

对 MF47 型指针式万用表组装套件进行组装与调试。

实训工具、仪表和仪器

1. 实训套件:MF47 型指针式万用表组装套件
2. 仪表:数字式万用表、指针式万用表
3. 工具:常用电工工具、常用焊接工具(电烙铁、烙铁架等)

相关知识

一、清点 MF47 型指针式万用表组装套件配套元器件材料

参考 MF47 型指针式万用表组装套件配套元器件材料清单(表 6-2-1),对应清点各项元器件材料数量,区分每个元器件的名称与外形。

小提示

清点完后请将元器件材料放回塑料袋备用，暂时不用的请放在塑料袋里(弹簧和钢珠一定不要丢失)，注意保存好不要丢失，以免造成后续无元器件安装的问题。

表 6-2-1　MF47 型指针式万用表组装套件配套元器件材料清单

序号	元器件材料名称	单位	数量	元器件材料对应外形图
1	电阻	个	30	黄、绿或蓝颜色电阻共28个　分流器 1个　压敏电阻 1个
2	电位器、可调电阻	个	2	电位器 WH1 1个　可调电阻WH2 1个
3	二极管	个	6	二极管6个
4	熔体夹	个	2	熔体夹2个
5	熔体	个	1	熔体管1个
6	电容	个	2	电解电容1个　2A103J　涤沦电容1个
7	连接线、短接线	根	5	连接线4根+短接线1根
8	电路板	块	1	电路板1块

续上表

序号	元器件材料名称	单位	数量	元器件材料对应外形图
9	面板 + 表头	个	1	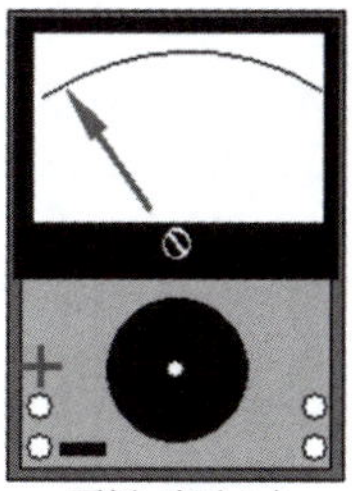 面板+表头1个
10	挡位开关旋钮	个	1	 挡位开关旋钮1个
11	提把	个	1	 提把1个
12	提把铆钉	个	2	 提把铆钉2个
13	电位器旋钮	个	1	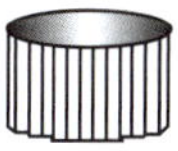 电位器旋钮1个
14	晶体管插座	个	1	 晶体管插座1个
15	后盖	个	1	 后盖1个
16	螺钉	个	2	 螺钉2个

续上表

序号	元器件材料名称	单位	数量	元器件材料对应外形图
17	弹簧	个	1	弹簧1个
18	钢珠	个	1	钢珠1个
19	提把橡胶垫圈	只	2	提把橡胶垫圈2只
20	电池极片	片	4	1片 3片 电池极片
21	铭牌	个	1	+ − 铭牌1个
22	V 形电刷	个	1	V形电刷1个
23	晶体管插片	个	6	晶体管插片6个
24	输入插管	只	4	输入插管4只
25	表笔 （红色、黑色各一根）	根	2	

续上表

序号	元器件材料名称	单位	数量	元器件材料对应外形图
26	MF47 型指针式万用表组装套件电路图	张	1	见下图

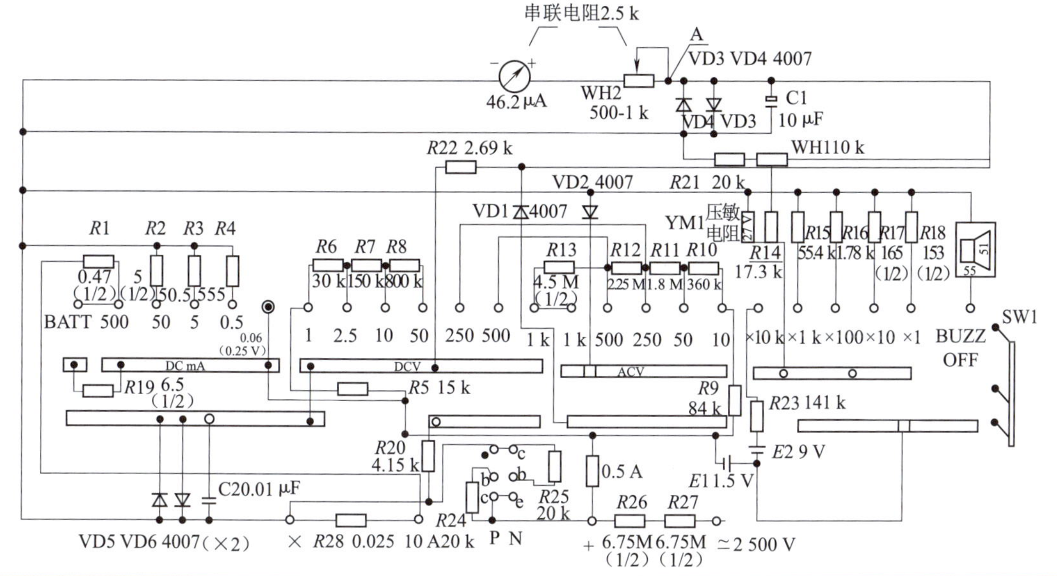

二、二极管、电容的认识

在安装 MF47 型指针式万用表套件前要求每个学生学会辨别套件中的二极管、电容元器件的不同形状，并学会分辨元器件的大小与极性。

（一）二极管极性的判断

1. 用指针式万用表判断二极管极性的原理

用指针式万用表判断二极管极性的原理如图 6-2-1 所示，由于电阻挡中的电池正极与黑表笔相连，这时黑表笔相当于电池的正极，红表笔与电池的负极相连，相当于电池的负极。因此当二极管正极与黑表笔连通，负极与红表笔连通时，二极管两端被加上了正向电压，二极管导通，显示阻值很小。

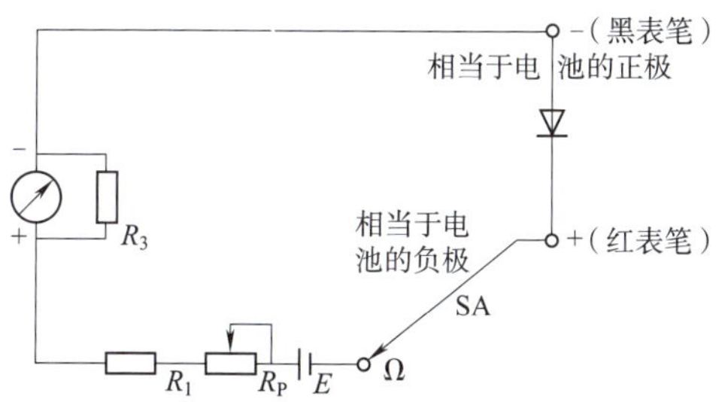

图 6-2-1　指针式万用表判断二极管极性的原理

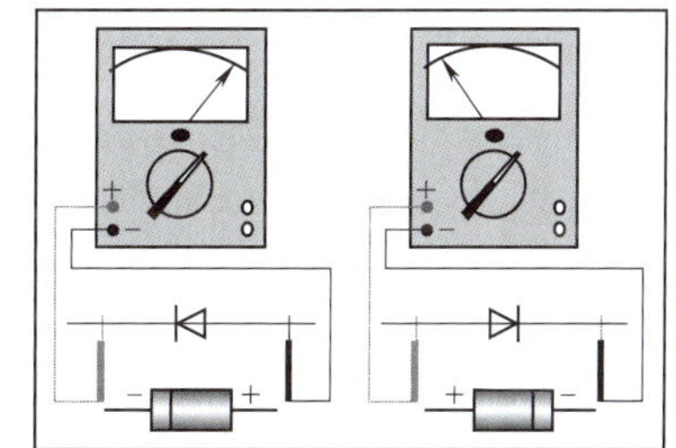

图 6-2-2　用指针式万用表判断二极管的极性

2. 二极管极性的判断操作方法

判断二极管极性时可用实训室提供的指针式万用表，将红表笔插在“＋”孔，黑表笔插在“－”

孔,将二极管搭接在表笔两端(图 6-2-2),观察指针式万用表指针的偏转情况。如果指针偏向右边,显示阻值很小,表示二极管与黑表笔连接端为正极,与红表笔连接端为负极。与二极管实物相对照,黑色的一端为正极,白色的一端为负极,即阻值很小时,与黑表笔搭接端是二极管的黑色端。反之,如果显示阻值很大,那么与红表笔搭接端是二极管的正极。

(二)电解电容极性的判断

观察电解电容外观侧面,印有“ - ”号表示负极。如果电解电容上没有标明正负极,也可以根据其管脚的长短来判断,长脚为正极,短脚为负极(图 6-2-3)。

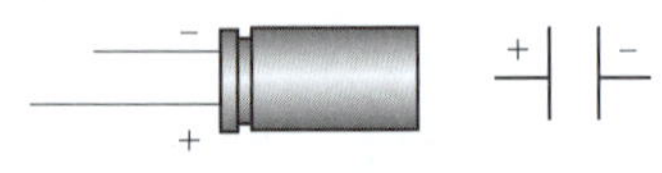

图 6-2-3　电解电容极性的判断

如果已经把管脚剪短,并且电容上没有标明正负极,可以通过用指针式万用表电阻挡测量来判断,分别测电容的正、反向漏电电阻,阻值大的为正向,阻值小的为反向。

三、特殊元器件材料的安装说明

1. 电位器的安装

安装电位器时,应先测量电位器管脚间的阻值,电位器共有 5 个管脚,如图 6-2-4 所示。

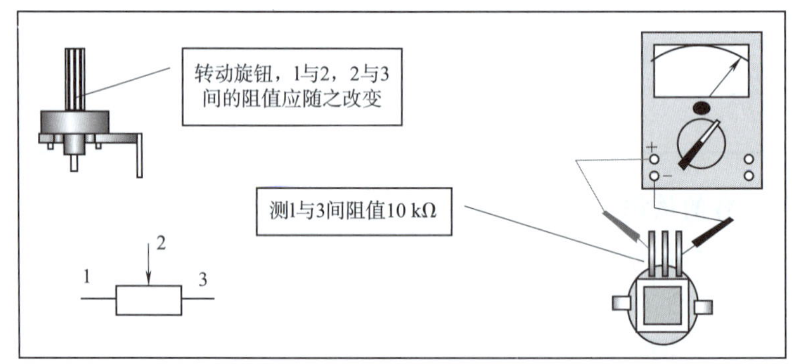

图 6-2-4　电位器阻值的测量

(1)其中三个并排的管脚中,1、3 两点为固定触点,2 为可动触点,当转动旋钮时,1、2 或者 2、3 间的阻值发生变化。电位器实质上是一个滑线电阻,电位器的两个粗的管脚主要用于固定电位器。安装时应捏住电位器的外壳平稳地插入,不应使某一个管脚受力过大,不能捏住电位器的管脚安装以免损坏电位器。

(2)安装前应用数字式万用表、指针式万用表测量电位器的阻值,1、3 之间的阻值应为 10 kΩ,拧动电位器的黑色小旋钮,测量 1 与 2 或者 2 与 3 之间的阻值应在 0 ~ 10 kΩ 间变化。如果没有阻值,或者阻值不改变,说明此电位器已经损坏,不能安装,否则 5 个管脚焊接后要更换电位器就非常困难。

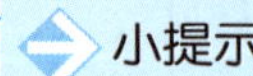

小提示

注意:电位器要安装在电路板的焊接绿色面,不能装在黄色面。

2. 分流器的安装

安装分流器时要注意方向,不能让分流器影响电路板及其余元器件的安装。

3. 输入插管的安装

输入插管应安装在电路板的焊接绿面，是用来插接表笔的，因此一定要焊接牢固。将其插入电路板中，用尖嘴钳在电路板黄色面轻轻捏紧，将其固定，一定要注意垂直，然后将两个固定点焊接牢固。

4. 晶体管插座的安装

（1）晶体管插座用于判断晶体管的极性，应安装在电路板焊接绿色面。在电路板焊接绿面的左上角有 6 个椭圆的焊盘，中间有两个小孔，用于晶体管插座的定位。

（2）将晶体管插片插入晶体管插座中，检查是否松动，将其伸出部分折平。

（3）晶体管插片装好后，将晶体管插座装在电路板焊接绿色面上定位、并将 6 个椭圆的焊盘焊接牢固。

5. 电池极片的安装

（1）焊接前先要检查电池极片的松紧，如果太紧应先调整。调整的方法是用尖嘴钳将电池极片侧面的突起物稍微夹平，使它能顺利地插入电池极片插座，且不松动（图 6-2-5）。

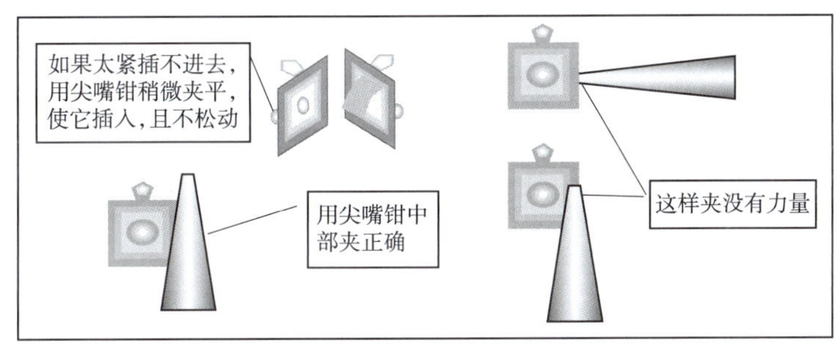

图 6-2-5　调整电池极片的松紧

（2）电池极片安装的位置（图 6-2-6）。平极片与突极片不能对调，否则电路无法接通。

（3）焊接时应将电池极片拨起，否则高温会把电池极片插座的塑料烫坏。为了便于焊接，应先用尖嘴钳的齿口将其焊接部位锉毛，去除氧化层。用加热的烙铁沾一些松香放在焊接点上，再加焊锡，为其搪锡。将连接线线头剥出，如果是多股线应立即将其拧紧，然后沾松香并搪锡（提供的连接线已经搪锡）。用烙铁运载少量焊锡，烫开电池极板上已有的锡，迅速将连接线插入并移开烙铁。如果时间稍长将会使连接线的绝缘层烫化，影响其绝缘。

连接线焊接的方向如图 6-2-7 所示，连接线焊好后将电池极片压下，安装到位。

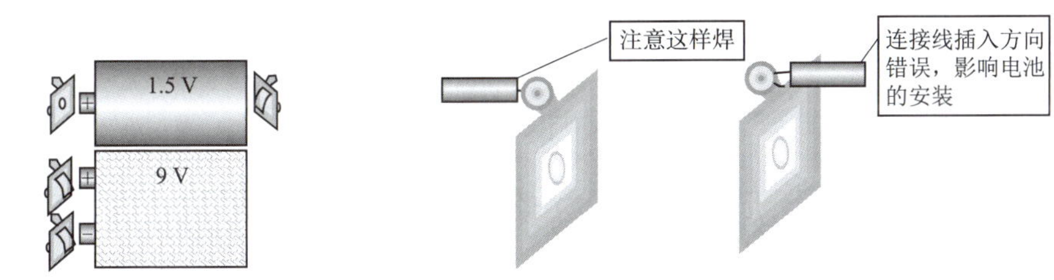

图 6-2-6　电池极板的安装位置　　图 6-2-7　连接线的焊接方向

实训实施

一、检测元器件的参数

每个元器件在焊接前都要用数字式万用表、指针式万用表检测其参数是否在规定的范围内。二极管、电解电容要检查它们的极性，电阻要测量阻值。

二、插放元器件

将弯制成型的元器件对照图纸插放到电路板上。

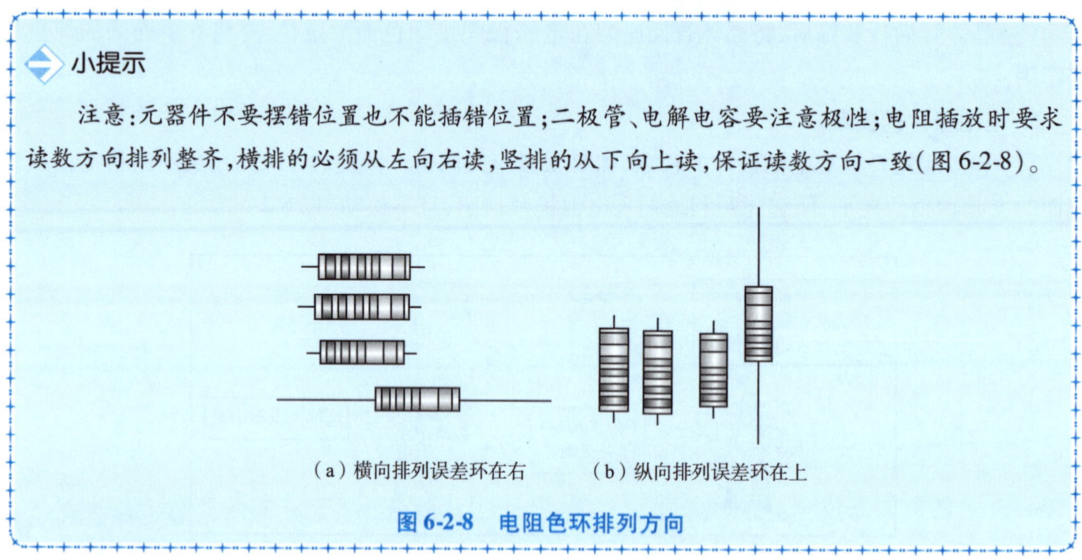

小提示

注意：元器件不要摆错位置也不能插错位置；二极管、电解电容要注意极性；电阻插放时要求读数方向排列整齐，横排的必须从左向右读，竖排的从下向上读，保证读数方向一致(图 6-2-8)。

(a) 横向排列误差环在右　(b) 纵向排列误差环在上

图 6-2-8　电阻色环排列方向

三、焊接电路板

(1)电路板在焊接之前要仔细检查，看其是否有断路、短路，焊孔金属不良等问题。

(2)在焊接练习板上练习合格后，对照图纸插放元器件，用数字式万用表、指针式万用表校验，检查每个元器件插放是否正确、整齐；二极管、电解电容极性是否正确；电阻读数的方向是否一致；全部合格后方可进行元器件的焊接。

(3)完成焊接的元器件，要求排列整齐，高度一致(图 6-2-9)。为了保证焊接的整齐美观，焊接时应将电路板架在焊接木架上焊接，两边架空的高度要一致，元器件插好后，要调整位置，使其与桌面相接触，保证每个元器件焊接高度一致。

电子元器一般采用卧式，因为卧式排列元器件可以靠近电路板，元器件的引线可短些，减少元器件受分布参数的影响。

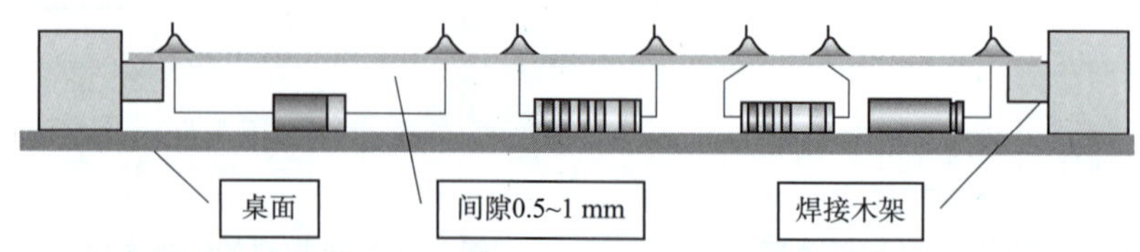

图 6-2-9　元器件在电路板上的排列

(4)应先焊水平放置的元器件,后焊垂直放置的或体积较大的元器件。焊接时的次序是:电阻、二极管、电容、分流器、可调电阻等其他元器件。焊接结束后,还应对照图纸仔细检查是否有漏焊元器件。

小提示

电路板焊接注意事项:

(1)焊接时一定要注意电刷轨道上一定不能粘上锡,否则会严重影响电刷的运转。为了防止电刷轨道粘锡,切忌用烙铁运载焊锡。由于焊接过程中有时会产生气泡,使焊锡飞溅到电刷轨道上,因此可用一张圆形厚纸垫在电路板上。

如果电刷轨道上粘了锡,可用没有焊锡的烙铁将锡尽量加热、刮除。但由于电路板上的金属与焊锡的亲和性强,一般不能刮尽,也可用小刀稍微修平整。

(2)在每一个焊点加热的时间不能过长,否则会使焊盘脱开或脱离电路板。对焊点进行修整时,要让焊点有一定的冷却时间,否则会因为持续加热而使焊盘脱开或脱离电路板,并且会使元器件温度过高而损坏。

(3)焊接时不允许用电烙铁运载焊锡丝,因为烙铁头的温度很高,焊锡在高温下会使助焊剂分解挥发,易造成虚焊等焊接缺陷。

(4)焊接时要注意人身安全,如烫伤要立即用凉水冲洗伤口,严重时要及时就医治疗。

(5)焊接结束时,应清理电路板的焊接部位,将多余管脚及废渣清除干净。对照图纸检查有无漏焊、虚焊现象。检查时,可用镊子将每个元器件管脚轻轻一提检查是否动摇,若发现松动应重新焊接。

四、调试 MF47 型指针式万用表

MF47 型指针式万用表完成电路组装后,必须进行详细检查和调试,使各挡测量的准确度都达到设计的技术要求。按照 MF47 型指针式万用表调试规程规定,标准表的准确度等级至少要求比被校表高 2 级。

在没有专用校准设备的情况下,可用普通数字万用表校准,方法如下:

(一)校准调试直流电流挡

1. 调试 MF47 型指针式万用表总灵敏度

将装配完成的 MF47 型指针式万用表仔细检查一遍,确认无误后,将 MF47 型指针式万用表旋至最小电流挡 0.25 V/50 μA 处,按图 6-2-10 所示调试。

输出电压 U_S 接 0～10 V 直流稳压电源(接通电路前 U_S 置于0),R = 75 kΩ,A_0 为标准电流表(数字万用表),A 为被校表头。调节 U_S 使标准表读数为 50 μA,调节被校表与表头串联的可调电阻 R_W,尽量使指针满偏。

2. 其他直流挡检测

被校表分别放置在直流电流 500 mA、50 mA、5 mA、0.5 mA 的各挡位上,标准表相应放置在直流电流各量程上,电路按图 6-2-11 接线。R = 100 Ω, R_W 为 10 kΩ 可调电阻, U_S 先置于 0。

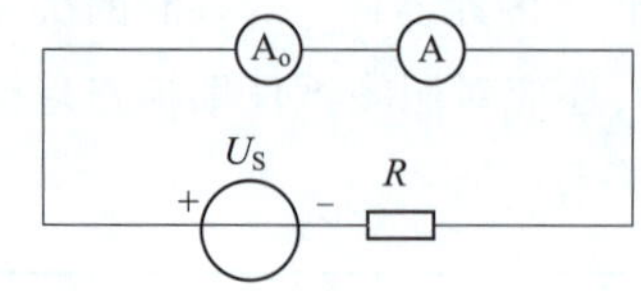

图 6-2-10　电流总灵敏度调节电路

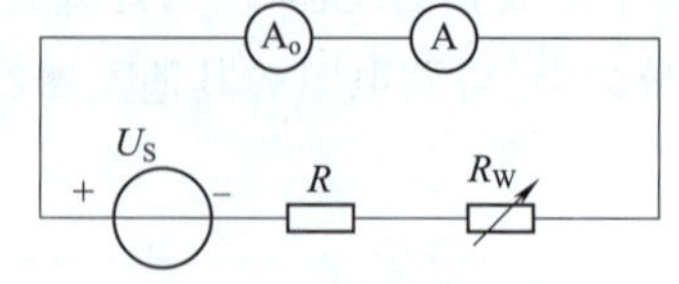

图 6-2-11　直流电流挡其他各挡校验电路

(1)检测 0.5 mA 挡:可调电阻 R_W(10 kΩ 电位器)置于 10 kΩ,调节 U_S 使标准表的电流读数为 0.4 mA,再读取被校表数据,记入表 6-2-2 中。

(2)检测 500 mA、50 mA、5 mA 挡: U_S 先置于 15 V 左右,可调电阻 R_W (10 kΩ 电位器)置于 10 kΩ,分别将标准表及被校表置于相应的量程,调节 R_W ,从 5 mA 到 500 mA 检测,按表 6-2-2 记录数据。表 6-2-2 中相对误差(可信数据应小于 5%)若不符合要求,说明分流电阻不合格,检查各分流电阻阻值。

(二)校准调试直流电压挡

调节直流稳压电源输出电压,使标准表的直流电压读数分别为 2 V、8 V、40 V,再用被校表 2.5 V、10 V、50 V、250 V 各挡位分别测量相应数据,记入表 6-2-2 内。表 6-2-2 中相对误差(可信数据应小于 5%)若不符合要求,须检查或更换分压电阻。

(三)校准调试交流电压挡

用数字万用表测电工实验箱上的交流电源(5 V、36 V)及电源的相电压及线电压,再用被校表的 10 V、50 V、250 V、500 V、1 000 V 四挡位分别测量相应数据,记入表 6-2-2 中。表 6-2-2 中相对误差(可信数据应小于 5%)若不符合要求,应检查或更换分压电阻;若相差很大,可能二极管损坏,应及时更换。

(四)校准调试电阻挡

被校表装上电池(三号 1.5 V、9 V 电池各一个)后才能进行欧姆挡测量及调试。测量前先用调零电位器调节零点。若调节调零旋钮,表头指针仍不能指到零欧姆位置上,可能电池电压不足或调零电位器有故障,应及时更换。

调零后用被校表各挡位分别测量标准电阻箱上的各阻值,记入表 6-2-2 中。若不符合要求,检查电阻挡各阻值。

五、排除 MF47 型指针式万用表的故障

MF47 型指针式万用表完成安装后,出现的故障常会有两大类:电气故障及机械故障,需要针对具体故障现象判断,从简单到复杂逐步排除。

1. 直流电流挡所有挡位表头指针不偏转

MF47 型指针式万用表直流电流各挡位是独立的,且 50 μA 挡是所有挡位共有的线路,所以检查与调试 MF47 型指针式万用表时应每个挡位独立检查,若每个挡位指针都不偏转,则做如下检查:

(1)熔体是否安装。

(2)电刷是否装错或接触是否不良。

(3)表头及表笔是否损坏。

(4)检查欧姆调零电位器固定端两个焊点是否和电路连通(这是常出现的故障点)。

2. 直流电流 50 μA 挡正常，其他部分电流挡故障（不通或误差较大）

(1)检查不通挡位的分流电阻是否有虚焊。

(2)检查误差较大挡位的分流电阻是否合要求。

(3)电刷接触是否良好。

3. 直流电流 50 μA 挡正常，电压挡故障

MF47 型指针式万用表直流电压 50 V 挡以下低压挡位分压电阻是共用的，直流电压 250 V 挡以上挡位与交流电压挡各挡位分压电阻从低到高共用。所以检查电压挡时，在直流电压 50 V 挡正常前提下，先从低到高检查直流电压 50 V 挡以下挡位，然后从低到高检查交流电压挡各挡位，最后从低到高检查直流电压 250 V 挡以上挡位，可能出现的故障如下。

(1)低压各挡位、部分挡位无指示或误差较大：电刷接触不良、不通挡位的分压电阻虚焊、误差较大挡位的分压电阻值偏差大。

(2)交流电压挡指针反偏：二极管 VD1 接反。

4. 直流电流 50 μA 挡正常，电阻挡故障

MF47 型指针式万用表各电阻挡分流电阻也是独立的，调试中有可能出现以下故障。

(1)各挡位电阻都无指示：调零电位器中间触点焊接不良导致线路不通、电刷接触不良、电池极片装错（如果将两种电池极板装反位置，电池两极无法与电池极片接触，电阻挡则无法工作）。

(2)欧姆挡不能调零（指针偏转到最大）：分流电阻虚焊、电刷接触不良。

(3)部分欧姆挡无指示或误差较大：电刷接触不良。

(4)部分欧姆挡误差较大：分流电阻阻值不合，电路板有灰尘等污渍。

经过以上各项检查、调试和校准，若组装的 MF47 型指针式万用表准确度均符合技术指标的要求，则合格可用。

小提示

1. 使用前应检查焊接工具是否完好可用，使用中如有破损要及时维修或更换。

2. 安装 MF47 型指针式万用表组装套件配套元器件材料时，注意不要漏装元器件。

3. 操作时注意用电安全、遵守安全规程。

4. 安装 MF47 型指针式万用表时，除了强调劳动纪律、安全用电（短时不用请将电烙铁拔下，以延长烙铁头的使用寿命），还需要注意：

(1)错装漏装。

(2)挡位开关旋钮转动灵活。

(3)焊点大小合适、美观。

(4)无虚焊，调试符合要求。

(5)器件无丢失、损坏。

(6)能正确使用各个挡位测量。

(7)测量调试时要将安装完成的 MF47 型指针式万用表的后盖盖好，以免发生触电事故。

六、记录实训测量数据

将安装完成的 MF47 型指针式万用表调试校准数据记录在表 6-2-2 中。

表 6-2-2 MF47 型指针式万用表校准记录数据

	标准表读数	被校表读数		相对误差
		校验挡	读数	
直流电流(mA)	150	500 mA 挡		
	40	50 mA 挡		
	4	5 mA 挡		
	0.4	50 μA 挡		
直流电压(V)	2	2.5 V 挡		
	8	10 V 挡		
	40	50 V 挡		
		250 V 挡		
交流电压(V)	5	10 V 挡		
	36	50 V 挡		
	220	250 V 挡		
	220	500 V 挡		
	380	1 000 V 挡		
电阻(Ω)	20	×1 Ω 挡		
	75	×10 Ω 挡		
	750	×100 Ω 挡		
	2.2 k	×1 kΩ 挡		
	75 k	×10 kΩ 挡		

实训成绩评定

一、MF47 型指针式万用表组装调试评分标准(表 6-2-3)

表 6-2-3 MF47 型指针式万用表组装调试评分标准

评分标准		配分	扣分	得分
焊接	元器件安装牢固、排列整齐、位置恰当合理,每一处不规范扣 1 分	10 分		
	焊点均匀、牢固、表面光亮美观,每一焊点出现堆焊、虚焊、有毛刺扣 1 分	10 分		
调试	调试欧姆挡中"蜂鸣器挡",发出声响同时指针回零	5 分		
	调试"直流电流挡"各挡位,准确度符合要求	15 分		
	调试"直流电压挡"各挡位,准确度符合要求	15 分		
	调试"交流电压挡"各挡位,准确度符合要求	15 分		
	调试"欧姆挡"各挡位,准确度符合要求	15 分		
调试不成功,每接错一处扣 3 分		15 分		
合计		100		

 实训报告

1. MF47 型指针式万用表的主要结构及安装调试方法。
2. 总结手工焊接技术的工艺要领及操作规程。
3. 记录实验数据。
4. 其他(包括实验的心得、体会等)。

参 考 文 献

[1]刘文革．电工与电测技术[M]．北京：中国水利水电出版社，2009.
[2]刘文革，彭志平．电路分析与测试[M]．北京：中国铁道出版社，2015.